U0145391

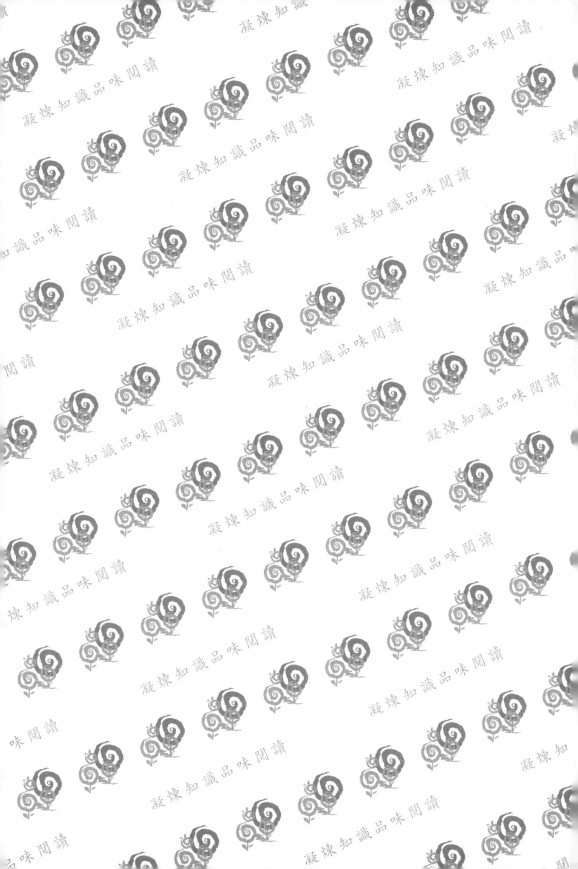

超圖解

財務分析
會計與財務關鍵能力養成
Financial Analysis

王志成 編著

數字原來會說話！
衡量經濟資訊，商業實戰必備的專業能力。

五南圖書出版公司 印行

作者序言

　　近年來金管會不遺餘力在大專院校推動「走入校園與社區金融知識宣導活動」，希望年輕的學子提早建立正確的理財觀念，養成理財的習慣，而理財的第一件事就是要先了解金融商品，接著選擇適合自己的金融商品。個人認為參加金融證照考試是最有效率的，因為準備考照的教材會有系統地、完整地介紹該領域應具備的基本知識，此外，參加考試的目的就是要錄取，所以學習上有努力的目標。

　　這本書的原型是我參加證基會的考試，所整理的「會計學」筆記與收集的考古題，後來覺得太精簡，可能只適合學過「會計學」的讀者閱讀，所以再把大學任教的「會計學（一）、（二）」上課用講義予以改寫成口語化的書籍，讓未接觸會計學或已有會計學基礎的讀者都能閱讀，這本《超圖解財務分析》可作為這門學科的入門教材或參加金融證照考試的用書。若要考證券普業的財務分析，僅研讀「會計學基礎篇」的章節與練習每章的普業考古題即可；若要考證券高業或投信投顧的財務分析，需研讀「會計學基礎篇」與「會計學進階篇」並練習每章的高業考古題。這樣的編寫方式希望對讀者在學習財務分析或參加金融證照考試能有所幫助。

　　當然這本書也可以作為「會計學（一）、（二）」或「財務分析」課程的教材，本書的「會計學基礎篇」是會計學（一）、（二）的內容，而「會計學進階篇」的「損益兩平與財務槓桿」與「資本預算」這兩章則是成本與管理會計學的內容，老師在授課時可依教學目標與時數予以調整。

　　最後，我由衷感謝五南出版社編輯部的同仁提供的支援，編撰過程中雖細心校對，但遺漏或錯誤恐在所難免，尚請讀者不吝指教匡正，以作為未來再修正時的依據。

王志成 謹識
2023 年 5 月

目錄

Chapter 13　投資 —————————249

Chapter 14　現金流量表 —————————273

Chapter 15　財務報表分析 —————————307

② 會計學進階篇 359

會計學基礎篇

Chapter 1

會計之概念

1-1 會計學的定義與會計活動

一、會計學的定義

美國會計學會對會計學的定義:「會計是對經濟資訊的認定、衡量與溝通的程序,以協助資訊使用者進行審慎的判斷與決策。」

二、會計活動

會計 (accounting) 的三項活動——①認定,②記錄,③溝通。

會計活動	內容
①認定	會計程序的始點,就是辨認某一特定企業所發生的交易活動。
②記錄	公司在營運過程中,一旦確定為公司之交易活動後,應以貨幣單位加以衡量,並對所發生之所有財務活動,以有系統的、依發生的順序加以記錄。
③溝通	公司會把營運的結果,藉由會計報告之編製,來報導公司之財務資訊給有興趣的使用者。會計人員分析和解釋報告資訊之能力,溝通是這三種會計活動中最重要的。

1-2 會計資訊之使用者

一、內部使用者與外部使用者

會計資訊的使用者可分為內部使用者及外部使用者兩大類：

使用者	內容
內部使用者	會計資訊的內部使用者，係指企業的管理階層，包括行銷經理、生產經理、財務經理及公司高級主管內部資訊使用者，需要詳細且具有時效性的資訊。
外部使用者	公司以外的個人及組織，對公司資訊有興趣的使用者。

二、投資人與債權人

外部資訊使用者最常見的係指投資人及債權人兩大類：

財務會計 (financial accounting)，其可提供相關之經濟及財務資訊於投資者、債權人及其他外部資訊使用者，以為決策之參考。

外部使用者	內容
投資人 (股東)	依據會計資訊來評斷自己應購買、持續持有或是出售股票之投資決策。
債權人 (供應商或銀行)	依據相關會計資訊評估授信或存款風險之決策。

1-3 會計基礎架構之建立

會計人員也是需要依照某些特定的**原則**和**假設**下之準則來報導財務資訊。

一、會計準則

為了確保可提供高品質之財務報告，有兩個主要會計準則制定的團體：

團體	任務
國際會計準則理事（International Accounting Standards Board，簡稱 IASB）	發布國際財務報導準則 (International Financial Reporting Standards, IFRS)，已有超過 130 個國家使用。
國際財務會計準則委員會（Financial Accounting Standards Board，簡稱 FASB）	制定一般公認會計原則 (Generally Accepted Accounting Principles, GAAP)，為美國大部分的公司所遵循的。

二、衡量原則

IFRS 之衡量原則，是由**攸關性**和**忠實表達**之特性來選擇使用歷史成本原則或公允價值原則之一。

1. 攸關性 (relevance)：財務資訊需具備有影響決策的能力，足夠讓決策者作不同的決策。
2. 忠實表達 (faithful representation)：財務資訊所表達的衡量數字或描述，與其所要表達之實際發生的現象或存在的狀況是一致的、是真實的。

三、歷史成本原則

歷史成本原則 (historical cost principle)（又稱為成本原則）：係指公司的資產或負債應以**成本**記錄。所謂成本是包含當時購買的成本，以及取得該項資產或負債所有的支出。

四、公允價值原則

公允價值原則 (fair value principle)：表示資產和負債應以公允價值加以表達。

IFRS 允許公司重新評估不動產、廠房及設備以及其他固定資產以得其公允價值，投資證券也使用公允價值表達。

五、會計的基本假設

會計處理有兩個主要的假設：1. 貨幣單位假設，2. 企業個體假設。

假設	內容
貨幣單位假設	係指公司所作的會計記錄，僅包含可以貨幣單位表達的交易資料，此假設的限制是，有些重要的資訊，卻因無法量化而無法記載表達。
企業個體假設	要求企業主和公司個體的活動要分開且獨立。

1-4 會計循環

會計循環是描述公司在每一會計期間內,從記錄交易活動開始依序到最後的編製報表的步驟。

步驟如下:

01	02	03	04	05	06	07	08	09
交易活動	記入日記簿	記入分類帳	編製試算表	編製調整分錄	編製調整後分錄	編製財務報表	作結帳分錄	編製結帳後試算表

1-5 會計恆等式

一、會計恆等式的釋例

這一節舉一個簡單的例子,來說明所謂的「會計恆等式」:

某甲、某乙與某丙三人合資成立一家公司,稱為丁公司,現在這三人各出資 100 萬,合計為 300 萬。表示這一家丁公司的現金增加為 300 萬,我們記錄丁公司資產為 300 萬,同時這三位股東對丁公司「資產」的請求權利為 300 萬,我們記錄「權益」為 300 萬,現在我們可以把「資產」與「權益」的關係寫成:「資產=權益」,即資產 300 萬=權益 300 萬。

接著丁公司又向戊銀行借現金 200 萬,這樣戊銀行對公司資產的請求權利為 200 萬,我們記錄「負債」為 200 萬,現在我們再把「資產」與「負債」的關係寫成:「資產=負債+權益」,即資產 300 萬+ 200 萬=負債 200 萬+權益 300 萬。

大家有沒有發現,上式的左邊金額=右邊金額,只要右邊的項目一增加,則左邊的項目一定等額地增加,所以我們稱「資產=負債+權益」為會計恆等式。

這裡有一個地方要特別注意:會計恆等式的組成是等號左邊是資產,而等號右邊是負債與權益,那為什麼把負債放在權益之前?當初成立丁公司時,不是先由三位股東集資嗎?是集資完後再以丁公司的名義向戊銀行借款,丁公司資金的取得順序是這樣的。但把負債寫在權益之前,表示有一天若丁公司清算時,是要優先清償負債,剩餘的才能分配給股東。

二、會計恆等式的細分

我們再把會計恆等式「資產＝負債＋權益」裡的「權益」，又稱為「股東權益」，後續的章節會交互使用這個名詞，現在把「權益」拆開分成兩大項目：權益＝股本＋保留盈餘，式中保留盈餘＝收入－費用－股利，而淨利＝收入－費用，所謂的「保留盈餘」則是保留公司的淨利與發放股利的合計數，即權益＝股本＋保留盈餘＝股本＋收入－費用－股利＝股本＋淨利－股利。其中的「股本」就是三位股東的請求權，「股利」就是公司有賺錢後分配給股東的利益，而「收入」是公司經由營運所創造的收益，「費用」則是公司為了獲得收入所支付的成本。

公司創立	資產＝ 300 萬＋200 萬	負債 200 萬	＋權益 300 萬
	資產＝ 300 萬＋200 萬	負債 200 萬	股本＋保留盈餘 300 萬＋0
第一年	資產＝ 300 萬＋200 萬＋50 萬－ 40 萬－0	負債 200 萬	股本＋收入－費用－股利 300 萬＋50 萬－40 萬－ 0
第一年 年底	資產＝ 300 萬＋200 萬＋50 萬－ 40 萬－5 萬	負債 200 萬	股本＋淨利－股利 300 萬＋10 萬－5 萬

第一年當丁公司以取得的資金 500 萬從事營運，這過程中創造收入 50 萬，收到現金 50 萬，同時也因此產生費用支出 40 萬，即支付現金 40 萬，而產生的收入與費用皆歸予股東，所以會計恆等式寫成「資產＝負債＋權益＝負債＋股本＋收入－費用」，資產 300 萬＋200 萬＋50 萬－40 萬＝負債 200 萬＋股本 300 萬＋收入 50 萬－費用 40 萬。

在第一年的年底，丁公司也發放 5 萬現金股利給三位股東，則「資產＝負債＋權益＝負債＋股本＋收入－費用－股利」，資產 300 萬＋200 萬＋50 萬－40 萬－5 萬＝負債 200 萬＋股本 300 萬＋收入 50 萬－費用 40 萬－股利 5 萬。左邊數字總和＝右邊數字總和，會計恆等式還是成立。

三、資產、負債、收入與費用的會計科目

我們也可以把資產、負債、收入與費用加以細分,所細分的項目我們稱為「會計科目」,這些科目的名稱是依公司從事經營的產業特性來分類的,並不是每家公司的會計科目都要一樣,假設丁公司的資產＝現金＋應收帳款＋電腦用品＋設備,而負債＝應付帳款＋應付票據＋應付薪工,收入＝服務收入,費用＝薪工費用＋租金費用＋廣告費用＋水電費用。

這些會計科目的內容,整理如下:

資產類	定義
現金	流通的硬幣、紙幣以及與貨幣具有同等作用之即期支票、郵政匯票等。
應收帳款	顧客或其他債務人所欠本公司之款項,而無票據憑證者。
電腦用品	已購入而尚未使用的文具及其他用品。
設備	又稱生財設備,係指供營業上長期使用之各項用具裝備。
負債類	
應付帳款	因購買商品或接受服務所欠的款項。
應付票據	公司對債權人允諾於一定時日支付一定款項之書面憑證。
應付薪工	應屬本期負擔而尚未支付的薪工費用。
收入類	
服務收入	為顧客提供服務所獲得之報酬。
費用類	
薪工費用	公司給付員工的薪資及各項津貼。
租金費用	因租用他人房屋所付予屋主之費用。
廣告費用	為推銷商品,在媒體宣傳所支付的代價。
水電費用	使用水電而發生的費用。

會計是將公司的交易活動，予以有系統的記錄。我們利用會計恆等式的「資產＝負債＋權益＝負債＋股本＋收入－費用－股利」，把公司的交易活動對會計恆等式的影響，分析如下：

交易活動1：三位股東共出資300萬，取得股份300萬，公司的現金增加為300萬。

資產＝				負債	＋權益			
現金	應收帳款	電腦用品	設備	應付帳款	股本	收入	－費用	－股利
300					300			

交易活動2：公司營運創造收入50萬，公司以賒銷方式使得應收帳款增加50萬。

資產＝				負債	＋權益			
現金	應收帳款	電腦用品	設備	應付帳款	股本	收入	－費用	－股利
	50					50		

交易活動3：公司營運產生費用支出40萬，公司以現金支付使得現金減少40萬。

資產＝				負債	＋權益			
現金	應收帳款	電腦用品	設備	應付帳款	股本	收入	－費用	－股利
-40							-40	

交易活動 4：公司營運產生淨利，決定發放現金股利 5 萬，公司以現金支付使得現金減少 5 萬。

資產＝				負債	＋權益			
現金	應收帳款	電腦用品	設備	應付帳款	股本	收入	－費用	－股利
-5								-5

1-7 財務報表的格式

　　當交易被認定、記錄及分類彙總後，公司即可依據彙總之會計資料編製五張財務報表，這五張報表分別是損益表、保留盈餘表、財務狀況表、現金流量表與綜合損益表，它們的編製與使用功能將在後續的章節逐一說明，目前僅將其格式列出來，只要提到公司的財務報表就是指這五張報表或其中幾張報表。

一、損益表

　　損益表 (income statement)：表達企業在某一特定期間之收入與費用，及最終之營業結果為淨利或淨損。表內的數字是依 Unit 1-6 的交易活動 1~4 在該報表位置的表達。

丁公司 損益表 2023 年 1 月 1 日至 2023 年 12 月 31 日		
收入		
服務收入		50
費用		
薪工費用	×××	
租金費用	×××	
廣告費用	×××	
水電費用	×××	
費用合計		40
本期淨利		10

二、保留盈餘表

　　保留盈餘表 (retained earnings statement)：彙總企業在某一特定期間內保留盈餘之變動情形。表內的數字是依 Unit 1-6 的交易活動 1~4 在該報表位置的表達。

丁公司 保留盈餘表 2023 年 12 月 31 日	
保留盈餘 (1 月 1 日)	0
加：本期淨利	10
減：股利	5
保留盈餘 (12 月 31 日)	5

三、財務狀況表

財務狀況表 (statement of financial position)：又可稱為資產負債表，報導企業在某一特定日期之資產、負債與權益之狀況。表內的數字是依 Unit 1-6 的交易活動 1~4 在該報表位置的表達。

丁公司 資產負債表 2023 年 12 月 31 日	
資產	
現金	505
應收帳款	—
電腦用品	—
設備	—
資產總額	505
負債	
應付帳款	200
應付票據	—
應付薪工	—
權益	
股本	300
保留盈餘	5
負債與權益總額	505

四、現金流量表

現金流量表 (statement of cash flows)：彙總企業在某一特定期間有關現金流入（收入）與現金流出（支出）的資訊。表內的數字是依 Unit 1-6 的交易活動 1~4 在該報表位置的表達。

丁公司 現金流量表 2023 年 12 月 31 日	
營業活動現金流量	
收入付現	50
費用付現	(40)
營業活動淨現金流量	10
投資活動現金流量	-
購買設備	-
籌資活動現金流量	
出售普通股	-
發放現金股利	(5)
現金淨增加	5
期初現金餘額	500
期末現金餘額	505

五、綜合損益表

綜合損益表 (comprehensive income statement)：是表達企業在某一特定期間內整體的收支情況。表內的數字是依 Unit 1-6 的交易活動 1~4 在該報表位置的表達。

丁公司 綜合損益表 2023 年 1 月 1 日至 2023 年 12 月 31 日		
收入		
服務收入		50
費用		
薪工費用	×××	
租金費用	×××	
廣告費用	×××	
水電費用	×××	
費用合計		40
本期淨利		10
其它綜合損益		×××
綜合損益		×××

( ) 1. 下列何項不屬於財務報表的「要素」(Element)？
    (A) 資產　　　　　　　　　(B) 費用
    (C) 權益　　　　　　　　　(D) 來自營業活動的現金流量。
                      【普 108-3】

( ) 2. 根據金融監督管理委員會公布之國內 IFRSs 適用範圍及時程分為二階段，第一階段適用之公司不包括下列何者？
    (A) 上市公司　　　　　　　(B) 上櫃公司
    (C) 興櫃公司　　　　　　　(D) 信用合作社。　【普 109-2】

( ) 3. 下列何項不屬於財務報表的「要素」(Element)？
    (A) 負債　　　　　　　　　(B) 收入
    (C) 損失　　　　　　　　　(D) 來自營業活動的現金流量。
                      【高 108-3】

( ) 4. 下列何項不屬於財務報表的「要素」(Element)？
    (A) 負債　　　　　　　　　(B) 收益
    (C) 費損　　　　　　　　　(D) 來自營業活動的現金流量。
                      【高 109-4】

( ) 5. 企業之主要財務報表為綜合損益表、資產負債表、權益變動表及現金流量表，其中動態報表有幾種？
    (A) 一種　　　　　　　　　(B) 二種
    (C) 三種　　　　　　　　　(D) 四種。
    【高 108-4】【高 109-3】【高 110-1】【高 110-2】

( ) 6. 在資產負債表中的各項資產是依何種順序排列？
    (A) 取得之時間先後　　　　(B) 金額之大小
    (C) 流動性之高低　　　　　(D) 重大性之大小。
               【高 108-2】【高 109-4】

（　）7.「存出保證金」在財務報表中是屬於：

(A) 資產科目 　　　　　　　　(B) 負債科目

(C) 收入科目 　　　　　　　　(D) 費用科目。

【高 109-1】【高 110-1】

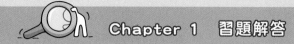

1.(D)　2.(D)　3.(D)　4.(D)　5.(C)　6.(C)　7.(A)

● **Chapter 1** 習題解析

1. 會計五大要素：資產、負債、股東權益、收益、費損。
2. 我國自 2013 年起，上市、上櫃公司及某些金融業，開始採用 IFRS 作為編製財務報表的依據，而 2015 年，其他公開發行公司也必須採用 IFRS。
3. 國際會計準則委員會 (IASC) 將會計要素歸類為資產、負債、權益、收益和費用五個要素。
4. 依《商業會計法》規定：第 28 條財務報表之要素包括資產、負債、權益、收益、費損。
5. 靜態報表：資產負債表。
6. 資產類別是按流動性由高至低排列。
7. 存出保證金：係指企業交付以供作保證用之現金或其他資產，此類資產依其預期收回之時間，於資產負債表上分類為流動資產或其他資產。

Chapter 2

記錄程序

會計的記錄程序是指，將每一筆交易活動記入日記簿，再把日記簿謄寫到分類帳。

　　每一筆交易活動都會影響會計恆等式，所以我們會針對會計恆等式組成的資產、負債或權益項目之下，進一步發明所謂的**會計科目**來表達該交易活動，以下將會逐一介紹這些會計上的用語與工具。

2-1 會計科目與T字帳

　　會計科目又稱為帳戶，它是用來記錄特定資產、負債或權益項目之增減變動的會計記錄，每一個會計科目它的組成是：上方的會計科目名稱；左邊的數字，專業術語稱「借方」；右邊的數字，專業術語稱「貸方」。如果左邊的數字＞右邊的數字，稱為「借餘」，如果右邊的數字＞左邊的數字，稱為「貸餘」。由於會計科目的格式看似如英文字母的大寫 T，故俗稱為「T 字帳」。其實 T 字帳就是「分類帳」的簡化。

會計科目

借（左）	貸（右）

　　會計恆等式表示成「資產＝負債＋權益」，我們可以把資產、負債與權益這三個項目以 T 字帳來表示，例如：資產的數字若在借方（左邊），表示資產是增加的，若數字在貸方（右邊），表示資產是減少的。

資產	
借	貸
＋	－

　　負債或權益的數字若在貸方（右邊），表示負債或權益是增加的，若數字在借方（左邊），表示負債或權益是減少的。

負債			**權益**	
借	貸		借	貸
－	＋		－	＋

　　我們可以把會計恆等式的組成放到 T 字帳的「位置」，表示成：

資產負債表	
資產	負債
（借）	（貸）
	權益
	（貸）

　　資產＝負債＋權益，資產在 T 字帳的位置是放在借方（左邊），負債或權益的數字是在貸方（右邊），借方（左邊）數字＝貸方（右邊）數字。

2-3 借貸法則

　　所謂的「借貸法則」是指每一個交易活動，若要使會計恆等式成立，勢必會影響兩個或兩個以上的會計科目，而借方數字會等於貸方數字，即一個會計科目是借，另一個會計科目是貸，而借方數字會等於貸方數字。或是一個會計科目是借，有兩個會計科目是貸，而借方數字會等於貸方數字。或是兩個會計科目是借，有一個會計科目是貸，而借方數字會等於貸方數字。

　　我們以交易活動 1 與交易活動 2 為例，來說明借貸法則的應用：

　　交易活動 1：三位股東共出資 300 萬，取得股份 300 萬，公司的現金增加 300 萬。那如何記錄這個交易活動呢？

　　說明：

　　現金是屬於資產，資產位於 T 字左邊，也就是借方，現金增加 300 萬，表示借方增加 300 萬。股份是屬於權益，權益位於 T 字右邊，也就是貸方，股本增加 300 萬，表示貸方增加 300 萬。

　　所以上面的交易活動，我們記錄成「借：現金 300 萬，貸：股本 300 萬」。或以下面方式表示：

$$\begin{cases} 現金 & 300\ 萬 \\ \quad 股本 & 300\ 萬 \end{cases}$$

　　交易活動 2：公司營運創造收入 50 萬，公司以賒銷方式使得應收帳款增加 40 萬，公司以現銷方式使得現金增加 10 萬。那如何記錄這個交易活動呢？

　　說明：

　　應收帳款是屬於資產，資產位於 T 字左邊，也就是借方，應收帳款增加 40 萬，表示借方增加 40 萬。現金是屬於資產，資產位於 T 字左邊，也就是借方，現金增加 10 萬，表示借方增加 10 萬。收入是屬於權益，權益位於 T 字右邊，也就是貸方，收入增加 50 萬，表示貸方增加 50 萬。

　　所以上面的交易活動，我們記錄成「借：應收帳款 40 萬，借：現金 10 萬，貸：收入 50 萬」。或以下面方式表示：

應收帳款　40 萬
現金　　　10 萬
　　收入　　　50 萬

2-4 會計恆等式的組成與借貸法則

　　會計恆等式：資產＝負債＋權益。可以拆開寫成：資產＝負債＋股本＋保留盈餘＝負債＋股本＋淨利－股利＝負債＋股本＋收入－費用－股利。由恆等式可知：等號左邊＝等號右邊。

　　若等號左邊↑，則等號右邊↑。例如：資產↑，則負債↑或權益↑。

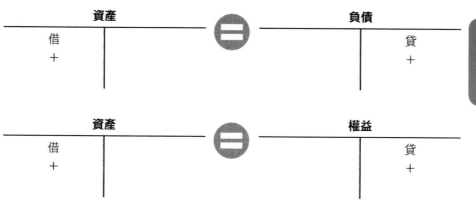

　　若等號左邊↓，則等號右邊↓。例如：資產↓，則負債↓或權益↓。

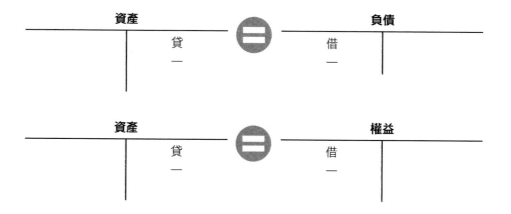

當交易活動發生時，先應按交易發生之先後順序，依序登入日記簿，而該程序稱為作分錄，所記載的每筆交易稱之為分錄。一筆分錄要包括：1. 交易活動日期；2. 借記及貸記之會計科目與金額；3. 交易之摘要說明。

我們把分錄寫在日記簿內，以下是日記簿的格式，包括有日期、會計科目及摘要、類頁、借方金額、貸方金額，以及右上方的日記簿頁次等欄位。

普通日記簿				J1
日期	會計科目及摘要	類頁	借方金額	貸方金額
2023 年 1 月 25 日	現金 　股本 （發行股票取得現金）	暫留	300	300

「類頁」欄，此欄位先暫留，待日記簿分錄轉入分類帳時，再將該分類帳科目之編號登入此欄位。

上述交易活動的記錄，可以簡化寫成下列形式，它同時表達了日期、會計科目與借貸金額：

$$1/25 \begin{cases} 現金 \quad 300 \\ \quad 股本 \quad 300 \end{cases}$$

此外，大家是否有發現到這個交易活動是發行股票取得現金，涉及的會計科目有「現金」與「股本」，分別是借方金額 300 與貸方金額 300，若寫成 T 字帳表示：

現金			股本	
1/25	300		1/25	300

2-6 分類帳

　　彙總記載企業所有**會計科目**，在會計期間內之增減變動及變動後每個會計科目的餘額之帳冊稱為**分類帳**。

　　企業可能同時使用不同種類之分類帳簿，但每一企業均有一本總分類帳。

　　總分類帳包括所有資產、負債及權益的科目。例如：資產項有下列會計科目，包括現金、應收帳款、電腦用品、設備等，則每一個會計科目就有一個分類帳，即現金分類帳、應收帳款分類帳、電腦用品分類帳、設備分類帳等。

　　會計科目分類帳的內容，包括有日期、摘要、日頁、借方金額、貸方金額、餘額，以及右上方的會計科目編號等欄位。

　　「日頁」欄是指日記簿的頁次。

現金					編號
日期	摘要	日頁	借方金額	貸方金額	餘額
2023 年 1 月 25 日			300		300

2-7 過帳

將日記簿中之借貸記錄轉登於分類帳之各個會計科目的程序,稱為過帳。

過帳之基本步驟有四:

步驟一:在分類帳中找出借記之會計科目,而後將日記簿分錄所示之交易日期、日記簿頁次及借方金額,轉記入該帳戶之適當欄位。

步驟二:借方金額所過帳至分類帳中科目之編號,記入日記簿之類頁欄,表示已過帳完畢。

步驟三:在分類帳中找出貸記之會計科目,而後將日記簿分錄所示之交易日期、日記簿頁次及借方金額,轉記入該帳戶之適當欄位。

步驟四:貸方金額所過帳至分類帳中科目之編號,記入日記簿之類頁欄,表示已過帳完畢。

例:以 2023 年 1 月 25 日,發行股票取得現金 300,則由日記簿轉登分類帳如下:

普通日記簿					J1
日期	會計科目及摘要	類頁	借方金額	貸方金額	
2023 年 1 月 25 日	現金 股本 (發行股票取得現金)	101 311	300	300	

現金					NO.101
日期	會計科目及摘要	日頁	借方金額	貸方金額	餘額
2023 年 1 月 25 日		J1	300		300

股本					NO.311
日期	會計科目及摘要	日頁	借方金額	貸方金額	餘額
2023 年 1 月 25 日		J1		300	300

2-8 記錄程序與會計循環

會計的記錄程序是執行會計循環的交易活動 **(1)** →記入日記簿 **(2)** →記入分類帳 **(3)**，當記入分類帳 **(3)** 完成後，就可以進行編製試算表 **(4)** 了。

01	02	03	04	05	06	07	08	09
交易活動	記入日記簿	記入分類帳	編製試算表	編製調整分錄	編製調整後分錄	編製財務報表	作結帳分錄	編製結帳後試算表

以下有一完整的釋例來說明會計循環的 1~4：

一、交易活動

1. 甲公司在 1/1 由股東投資現金 20,000，成立了甲公司。
2. 甲公司在 1/1 簽發 3 個月到期的票據，年利率 12%，面額 4,000，購買辦公設備。
3. 甲公司在 1/2 向客戶預收收入一筆，金額為 1,300。
4. 甲公司在 1/3 以現金 800，支付 10 月份的租金。
5. 甲公司在 1/4 預付一年的保險費，金額為 720。
6. 甲公司在 1/5 賒購 3 個月的廣告用品，金額為 4,500。
7. 甲公司在 1/20 宣告且發放現金股利，金額為 600。
8. 甲公司在 1/26 支付員工薪資，金額為 5,000。
9. 甲公司在 1/31 提供服務而賺取收入，收取現金 12,000。

二、記入日記簿

1. 1/1
$$\begin{cases} 現金 \quad 20,000 \\ \quad 股本 \quad 20,000 \end{cases}$$

2. 1/1 $\begin{cases} \text{辦公設備} \quad 4,000 \\ \quad \text{應付票據} \quad 4,000 \end{cases}$

3. 1/2 $\begin{cases} \text{現金} \quad 1,300 \\ \quad \text{預收收入} \quad 1,300 \end{cases}$

4. 1/3 $\begin{cases} \text{租金費用} \quad 800 \\ \quad \text{現金} \quad 800 \end{cases}$

5. 1/4 $\begin{cases} \text{預付保險費} \quad 720 \\ \quad \text{現金} \quad 720 \end{cases}$

6. 1/5 $\begin{cases} \text{廣告用品} \quad 4,500 \\ \quad \text{應付帳款} \quad 4,500 \end{cases}$

7. 1/20 $\begin{cases} \text{股利} \quad 600 \\ \quad \text{現金} \quad 600 \end{cases}$

8. 1/26 $\begin{cases} \text{薪工費用} \quad 5,000 \\ \quad \text{現金} \quad 5,000 \end{cases}$

9. 1/31 $\begin{cases} \text{現金} \quad 12,000 \\ \quad \text{服務收入} \quad 12,000 \end{cases}$

三、記入分類帳

1.

現金						NO.
日期	摘要	日頁	借方金額	貸方金額		餘額
2023 年 1 月 1 日			20,000			20,000

	股本				NO.
日期	摘要	日頁	借方金額	貸方金額	餘額
2023 年 1 月 1 日				20,000	20,000

2.

	辦公設備				NO.
日期	摘要	日頁	借方金額	貸方金額	餘額
2023 年 1 月 1 日			4,000		4,000

	應付票據				NO.
日期	摘要	日頁	借方金額	貸方金額	餘額
2023 年 1 月 1 日				4,000	4,000

3.

	現金				NO.
日期	摘要	日頁	借方金額	貸方金額	餘額
2023 年 1 月 1 日 1 月 2 日			20,000 1,300		20,000 1,300

	預收收入				NO.
日期	摘要	日頁	借方金額	貸方金額	餘額
2023 年 1 月 2 日				1,300	1,300

4.

現金					NO.
日期	摘要	日頁	借方金額	貸方金額	餘額
2023 年					
1 月 1 日			20,000		20,000
1 月 2 日			1,300		21,300
1 月 3 日				800	20,500

租金費用					NO.
日期	摘要	日頁	借方金額	貸方金額	餘額
2023 年					
1 月 3 日			800		800

5.

預付保險費					NO.
日期	摘要	日頁	借方金額	貸方金額	餘額
2023 年					
1 月 4 日			720		720

現金					NO.
日期	摘要	日頁	借方金額	貸方金額	餘額
2023 年					
1 月 1 日			20,000		20,000
1 月 2 日			1,300		21,300
1 月 3 日				800	20,500
1 月 4 日				720	19,780

6.

應付帳款					NO.
日期	摘要	日頁	借方金額	貸方金額	餘額
2023 年 1 月 5 日				4,500	4,500

廣告用品					NO.
日期	摘要	日頁	借方金額	貸方金額	餘額
2023 年 1 月 5 日			4,500		4,500

7.

現金					NO.
日期	摘要	日頁	借方金額	貸方金額	餘額
2023 年 1 月 1 日			20,000		20,000
1 月 2 日			1,300		21,300
1 月 3 日				800	20,500
1 月 4 日				720	19,780
1 月 20 日				600	19,180

股利					NO.
日期	摘要	日頁	借方金額	貸方金額	餘額
2023 年 1 月 20 日			600		600

8.

現金					NO.
日期	摘要	日頁	借方金額	貸方金額	餘額
2023 年					
1 月 1 日			20,000		20,000
1 月 2 日			1,300		21,300
1 月 3 日				800	20,500
1 月 4 日				720	19,780
1 月 20 日				600	19,180
1 月 26 日				5,000	14,180

薪工費用					NO.
日期	摘要	日頁	借方金額	貸方金額	餘額
2023 年					
1 月 26 日			5,000		5,000

9.

現金					NO.
日期	摘要	日頁	借方金額	貸方金額	餘額
2023 年					
1 月 1 日			20,000		20,000
1 月 2 日			1,300		21,300
1 月 3 日				800	20,500
1 月 4 日				720	19,780
1 月 20 日				600	19,180
1 月 26 日				5,000	14,180
1 月 31 日			12,000		26,180

服務收入					NO.
日期	摘要	日頁	借方金額	貸方金額	餘額
2023 年					
1 月 31 日				12,000	12,000

四、編製試算表

將第三項分類帳的餘額,填到下列格式,這個表格稱為調整前試算表。

	甲公司 調整前試算表 **2023 年 1 月 31 日**	
	借方	貸方
現金	26,180	
廣告用品	4,500	
預付保險費	720	
辦公設備	4,000	
應付票據		4,000
應付帳款		4,500
預收收入		1,300
普通股股本		20,000
保留盈餘		
股利	600	
服務收入		12,000
薪工費用	5,000	
租金費用	800	
	41,800	41,800

Chapter 3

會計科目的調整

由會計循環中的編製調整分錄 (5) →編製調整後分錄 (6) →編製財務報表 (7)，是本章所要介紹的內容：

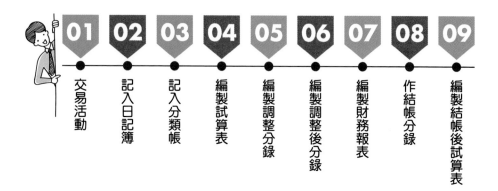

01	02	03	04	05	06	07	08	09
交易活動	記入日記簿	記入分類帳	編製試算表	編製調整分錄	編製調整後分錄	編製財務報表	作結帳分錄	編製結帳後試算表

3-1 會計期間與會計基礎

　　會計要記錄交易活動時需要先界定交易活動的時間，即「會計期間」，而在會計期間對「收入」與「費用」的認定方式，是採發生確認或實際收到現金（或支付現金），這稱為「會計基礎」。

一、會計期間

　　企業都需要定期編製財務報表，用以評估公司的財務狀況與經營成果，而「定期」就是指「會計期間」。以下將說明「會計期間假設」與「會計期間的劃分」：

1. 會計期間假設 (time period assumption)

　　會計人員利用人為的方式將企業的經濟壽命劃分成許多的時間段落（即會計期間），許多企業之交易會影響超過一個以上之會計期間。

2. 會計期間的劃分

　　可劃分成期中期間與會計年度：

　　會計期間一般可定為一個月、一季或一年，一個月或一季之會計期間通常稱為期中期間 (interim periods)。

　　若會計期間涵蓋一整年則稱為會計年度 (fiscal year)，大部分的企業會計年度均採行曆年制 (calendar year)，即1月1日至12月31日。大部分的大公司都需編製季報與年度財務報表。

二、會計基礎

　　會計基礎是指在會計記錄對於「收入」與「費用」認定在哪一個期間之標準，有兩種認定方式，分別是「應計基礎會計」與「現金基礎會計」。

1. 應計基礎會計 (accrual-basis accounting) 下，當收入被確認已賺得時就要馬上認列（而不是收到現金時才認列收入），同時費用在發生時也應馬上認列費用（而不是在支付現金時才認列費用）。應計基礎會計是國際財務報導準則 (IFRS) 所接受的。

2. 現金基礎會計 (cash-basis accounting) 下，只有在收到現金時才會記錄認列收入，也僅於支付現金時才會認列費用，在現金基礎下經

常是公司早已提供服務了，卻因尚未收到現金，公司就不予認列記錄。致使現金基礎下費用無法和已賺得的收入互相配合。現金基礎會計不是國際財務報導準則 (IFRS) 所接受。

三、收入與費用認列

1. 收入認列原則

收入認列原則 (revenue recognition principle) 是指公司應該在已履行了顧客服務或產品義務的會計期間（已經賺得該收入的期間）來認列收入。

例如：甲公司在 5 月 1 日銷售商品給乙公司，創造的收益稱為銷貨收入，金額為一萬元，但乙公司在 7 月底才支付這筆款項給甲公司。

說明：基於收入認列原則，甲公司應該在 5 月 1 日馬上記錄這筆銷貨收入，而不是在 7 月底收到乙公司所支付的款項才記錄銷貨收入。

2. 費用認列原則

費用認列原則 (expense recognition principle)，也稱為配合原則 (matching principle)，是指公司應該在為了賺取收入時，所耗用的資產或產生的負債期間承認該費用。此原則強調的是企業所創造的收益（收入）與所支付的代價（費用），兩者應該要互相配合。

四、需要調整分錄

公司必須在會計期間結束時編製調整分錄 (adjusting entries)，以確保收入認列原則與費用認列原則之遵行。

透過調整分錄，可以使彙整交易資料的試算表內之各帳戶更新及完整列報。

每一筆調整分錄將包括一個損益表的帳戶和一個財務狀況表的帳戶。

五、調整分錄之類型

調整分錄可以區分為遞延項目 (deferrals) 和應計項目 (accruals)。

1. 遞延項目

(1) 預付費用：還沒有使用就已經先支付現金，如同權利一般，所以該會計科目列為資產。

(2) 預收收入：還沒有認列收入前就已經跟對方收現金，如同欠別人一般，所以該會計科目列為負債。

2. 應計項目
    (1) 應計收入：指已經賺到但尚未收到現金或記錄的收入，該會計科目列為資產。
    (2) 應計費用：指已經發生但尚未支付現金或記錄的費用，該會計科目列為負債。

為了預付費用或預收收入所作的調整分錄，稱為遞延項目。

例如丙公司在 2023 年 3 月 31 日分類帳內，部分帳戶調整前之金額列示如下：

	借方	貸方
預付保險費	3,600	
預收服務收入		9,200

各帳戶分析如下：

每月的保險費到期金額為 100。

2、3 月份已提供服務，賺得預收收入 4,000。

試作 3 月份之調整分錄。

說明：

1. 已到期的保險費 100，所以從先前已經預付保險費中耗用 100，預付保險費是資產，資產減少，放貸方。

$$\begin{cases} 保險費 \quad 100 \\ \quad 預付保險費 \quad 100 \end{cases}$$

2. 已提供服務而賺得的服務收入，所以從先前已經預收服務收入中實現 4,000，預收服務收入是負債，負債減少，放借方。

$$\begin{cases} 預收服務收入 \quad 4,000 \\ \quad 服務收入 \quad 4,000 \end{cases}$$

為了應計收入或應計費用所作的調整分錄，稱為應計項目。

例如丙公司在 2023 年 1 月 1 日開始營業，營業的第一個月中有發生下列交易活動：

1. 丙公司已銷貨一批商品，共賺得 2,400，但尚未記錄。

2. 1 月份的水電費用帳單已收到但尚未支付，總金額 400。

3. 於 1 月 1 日購買設備花費 80,000，支付現金 20,000，並且簽發 3 年期的應付票據 60,000。該設備每月提列折舊費用 500，利息費用為 600。

試列出丙公司在 1 月 31 日的調整分錄：

說明：

1. 已經賺得銷貨收入但尚未記錄，除了貸記銷貨收入外，尚要記錄對客戶的收款權利，應收帳款增加，應收帳款是資產的科目，資產增加，放借方。

$$
\begin{cases}
應收帳款 & 2,400 \\
\quad 銷貨收入 & 2,400
\end{cases}
$$

2. 已經發生的水電費用但尚未記錄，除了借記水電費用外，尚要記錄對客戶的付款義務，應付水電費增加，應付水電費是負債的科目，負債增加，放貸方。

$$
\begin{cases}
水電費用 & 400 \\
\quad 應付水電費 & 400
\end{cases}
$$

3. 已經發生的折舊費用但尚未記錄，除了借記折舊費用外，尚要記錄對設備的耗用，累計折舊－設備增加，累計折舊－設備是設備的減項，資產的減少是放貸方。

$$
\begin{cases}
\text{折舊費用} & 500 \\
\quad \text{累計折舊－設備} & 500
\end{cases}
$$

4. 已經發生的利息費用但尚未記錄，除了借記利息費用外，尚要記錄對客戶的付款義務，應付利息增加，應付利息是負債的科目，負債增加，放貸方。

$$
\begin{cases}
\text{利息費用} & 600 \\
\quad \text{應付利息} & 600
\end{cases}
$$

　　在所有調整分錄過帳後，應依據所有分類帳帳戶餘額再編製一份試算表，此份試算表稱為調整後試算表 (adjusted trial balance)。

　　調整後試算表包含著所有分類帳帳戶在會計期間終了調整後的餘額。其目的在驗證所有分類帳帳戶，在調整後的借方餘額合計數與貸方餘額合計數是否相等。

　　以「甲公司的調整前試算表」為例，我們假設作了以下的調整分錄：

1. 甲公司在 1/31 的廣告用品已經耗用了 1,500。

　　1/31 　 廣告用品費用 　 1,500
　　　　　　　 廣告用品 　　　 1,500

2. 甲公司在 1/31 的預付保險費已經使用了 60。

　　1/31 　 保險費用 　　　　 60
　　　　　　　 預付保險費 　　 60

3. 甲公司在 1/31 的折舊費用已經使用了 50。

　　1/31 　 折舊費用 　　 50
　　　　　　　 累計折舊 　　 50

4. 甲公司在 1/31 的預收收入已經實現了 400。

　　1/31 　 預收收入 　　 400
　　　　　　　 服務收入 　　 400

5. 甲公司在 1/31 的服務收入，採賒銷方式金額為 300。

　　1/31 　 應收帳款 　　 300
　　　　　　　 服務收入 　　 300

6. 甲公司在 1/31 產生的利息費用，尚未支付金額為 40。

　　1/31 　 利息費用 　　 40
　　　　　　　 應付利息 　　 40

7. 甲公司在 1/31 產生的薪工費用，尚未支付金額為 1,000。

$$
1/31 \begin{cases} 薪工費用 \quad 1,000 \\ \quad 應付薪工 \quad 1,000 \end{cases}
$$

注意 第一行的借方與第二行貸方表示調整前的數字，藍色字表示調整的數字，第三行的借方與第四行的貸方表示調整後的數字。

甲公司 調整前與調整後試算表 2023 年 1 月 31 日				
	借方	貸方	借方	貸方
現金	26,180		26,180	
應收帳款			300	
廣告用品	4,500		3,000	
預付保險費	720		660	
辦公設備	4,000		4,000	
累計折舊－辦公設備				50
應付票據		4,000		4,000
應付帳款		4,500		4,500
應付利息				40
預收收入		1,300		900
應付薪工				1,000
普通股股本		20,000		20,000
保留盈餘				0
股利	600		600	
服務收入		12,000		12,700
薪工費用	5,000		6,000	
廣告用品費用			1,500	
租金費用	800		800	
保險費用			60	
利息費用			40	
折舊費用			50	
	41,800	41,800	43,190	43,190

調整後試算表是編製財務報表的依據，包括損益表、保留盈餘表、資產負債表與現金流量表。

　　我們以「甲公司的調整後試算表」為例，先將上述的會計科目若資產類以「A」表示，負債類以「L」表示，權益類以「O/E」表示，收入類以「R」表示，費用類以「E」表示，並將上述代號填到調整後試算表內。

甲公司
調整後試算表
2023 年 1 月 31 日

	借方	貸方
現金 A	26,180	
應收帳款 A	300	
廣告用品 A	3,000	
預付保險費 A	660	
辦公設備 A	4,000	
累計折舊－辦公設備 A		50
應付票據 L		4,000
應付帳款 L		4,500
應付利息 L		40
預收服務收入 L		900
應付薪工 L		1,000
普通股股本 O/E		20,000
保留盈餘 O/E		0
股利收入 O/E	600	
服務收入 R		12,700
薪工費用 E	6,000	
廣告用品費用 E	1,500	
租金費用 E	800	
保險費用 E	60	
利息費用 E	40	
折舊費用 E	50	
	43,190	43,190

第一張損益表，它的格式如下：

甲公司 損益表 2023 年 1 月份	
R	×××
E	×××
淨利	×××

將代號 R 與 E 填入損益表內，製作完成的損益表如下：

甲公司 損益表 2023 年 1 月份		
服務收入 R		12,700
費用 E		
薪工費用 E	6,000	
廣告用品費用 E	1,500	
租金費用 E	800	
保險費用 E	60	
利息費用 E	40	
折舊費用 E	50	8,450
淨利		4,250

第二張保留盈餘表，它的格式如下：

甲公司 保留盈餘表 2023 年 1 月份	
保留盈餘 O/E，1 月 1 日	×××
加：淨利	×××
減：股利收入 O/E	×××
保留盈餘 O/E，1 月 31 日	×××

將代號 O/E 填入保留盈餘表內，製作完成的保留盈餘表如下：

甲公司 保留盈餘表 2023 年 1 月份	
保留盈餘 O/E，1 月 1 日	0
加：淨利	4,250
減：股利收入 O/E	600
保留盈餘 O/E，1 月 31 日	3,650

第三張資產負債表，它的格式如下：

甲公司 資產負債表 2023 年 1 月 31 日	
資產	
A	×××
資產總額	×××
負債及權益	
負債 L	×××
權益 O/E	×××
負債及權益總額	×××

將代號 A、L 與 O/E 填入資產負債表內，製作完成的資產負債表如下：

甲公司
資產負債表
2023 年 1 月 31 日

資產	
現金 A	26,180
應收帳款 A	300
廣告用品 A	3,000
預付保險費 A	660
辦公設備 A	4,000
減：累計折舊－辦公設備 A	50
資產總額	34,090
負債及權益	
應付票據 L	4,000
應付帳款 L	4,500
應付利息 L	40
預收服務收入 L	900
應付薪工 L	1,000
普通股股本 O/E	20,000
保留盈餘 O/E	3,650
負債及權益總額	34,090

3-6 財務報導的基本觀念

有用的會計資訊品質的特性，如下圖所示：

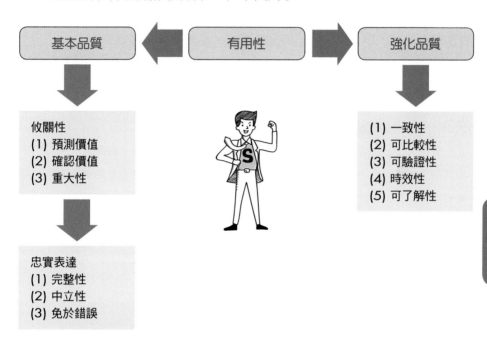

忠實表達
(1) 完整性
(2) 中立性
(3) 免於錯誤

一、有用資訊的品質

根據 IASB 的定義，有用的資訊應具備兩項基本的特質：攸關性和忠實表達。

1. 攸關性 (relevance)：

   攸關性是指會計資訊必須具有影響決策的能力。若一項資訊能協助決策者預測過去、現在及未來事項之可能結果，或證實、改正從前的預期結果，此資訊則為攸關資訊。此外，重要性 (materiality) 對公司某一特定觀點亦是攸關性。當一項資訊會影響投資者或債權人的決策時，則該資訊具有重要性。

2. 忠實表達 (faithful representation)：

   忠實表達是指會計資訊誠實地反應實際發生的結果。為了提供忠實

達，該會計資訊應該要是完整的（沒有任何重要的事情被遺漏），並且具中立性（不帶任何偏差），而且是沒有錯誤的。

二、強化品質

有用資訊的品質要具備兩項基本的特質外，IASB 和 FASB 這兩個機構更進一步提出了提高有用資訊的品質特性，這些品質特性包含有：

強化品質	內容
1. 可比較性	是指不同公司的資訊若使用相同的會計原則來衡量及報導，則此資訊具有可比較性。
2. 一致性	公司在不同的期間所使用的會計原則和方法應一致採用。
3. 可驗證性	指不同的獨立衡量者，使用相同的衡量方法會產生相同的結果。
4. 時效性	資訊必須在決策者喪失影響決策的能力之前即加以提供。
5. 可了解性	是指資訊本身是否清晰簡單易懂，可以讓使用者能理解及解釋該資訊。

3-7 財務報告的基本假設

IASB 依據一些重要的假設，來發展制定會計準則，這些基本假設包括有：

基本假設	內容
貨幣單位假設	公司所作的會計記錄，僅包含可以用貨幣單位表達的交易資料。
經濟個體假設	每一個企業個體的活動必須和其業主的活動區分，而且是互相獨立的。
會計期間假設	會計人員假設將企業經濟壽命區隔成許多的會計期間，以該會計期間編製財務報表。
繼續經營假設	假設企業在可以預見的未來將繼續經營下去。

3-8 財務報告的基本原則

一、衡量原則

IFRS 採用兩種衡量原則：1.歷史成本原則，2.公允價值原則。無論選擇哪一個原則，都是在攸關性和忠實表達之間作一取捨。

1. 歷史成本原則 (historical cost principle)（或成本原則）：指企業取得資產時應按其取得成本（交易所發生的實際成本）入帳。

2. 公允價值原則 (fair value principle)：指企業之資產和負債應以公允價值（處分資產或負債時的價值），加以表達。對某些特定類型的資產及負債，公允價值的資訊比歷史成本的資訊較具有用性。

二、收入認列原則 (revenue recognition principle)

指公司應該在已履行顧客服務或產品義務的會計期間（以賺得該收入的期間）來認列收入。

三、費用認列原則 (expense recognition principle)

又稱為配合原則 (matching principle)，表示所創造的收入和支付的代價（費用）要互相配合（費用認列時間應和產生收入認列之會計期間相同）。即費用要對應著它的收入。

四、充分揭露原則 (full disclosure principle)

要求公司要揭露足以影響財務報表使用者的判斷，及決策之所有情況及事件。

3-9　成本限制

　　成本限制 (cost constraint) 在決定公司是否應要求提供某種類型的資訊時，提供資訊的成本必須和使用資訊的效益一起衡量，而且效益必須大於成本，簡單地講，就是好處要大於壞處。

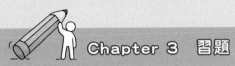

（　）1. 牡丹公司將年底長期投資以成本與市價孰低法入帳，其符合？
　　　(A) 一致性　　　　　　　　　(B) 保守穩健原則
　　　(C) 成本效益原則　　　　　　(D) 配合原則。　　　【普 108-2】

（　）2. 決定一財務報表資訊是否具有「重大性」的標準，通常是看該項
　　　資訊是否：
　　　(A) 影響一般投資人的專業判斷　(B) 影響企業的盈餘金額
　　　(C) 影響企業的總資產金額　　　(D) 影響企業的現金流量。
　　　　　　　　　　　　　　　　　　　　　　　　　　【普 108-1】

（　）3. 一公司在選擇會計方法時，會受到下列哪些因素之影響？
　　　(A) 公司的獎酬計畫　　　　　(B) 股票市場的反應
　　　(C) 公司的債務契約　　　　　(D) 選項 (A)、(B)、(C) 皆是。
　　　　　　　　　　　　　　　　　　　　　　　　　　【普 109-4】

（　）4. 會計上採用應計基礎，是基於下列何項會計原則？
　　　(A) 一致性原則　　　　　　　(B) 成本原則
　　　(C) 配合原則　　　　　　　　(D) 收入認列原則。
　　　　　　　　　　　　　　　　　　　　　　　　　　【普 108-1】

（　）5. 與決策有關，具有改變決策的能力，以及對問題預測解決有幫
　　　助，我們稱之為：
　　　(A) 忠實表述　　　　　　　　(B) 攸關性
　　　(C) 可比較性　　　　　　　　(D) 時效性。
　　　　　　　　　　　　　　　　　　　　【普 109-1】【普 110-3】

（　）6. 企業提供期中財務報表主要在滿足下列何種目標？
　　　(A) 提供攸關的資訊　　　　　(B) 提供可供比較的資訊
　　　(C) 提供可靠的資訊　　　　　(D) 提供及時的資訊。
　　　　　　　　　　　　　　　　　　　　　　　　　　【普 109-4】

（　）　7. 下列關於重大性原則之敘述，何者錯誤？

　　　　(A) 金額大到足以影響決策者之判斷

　　　　(B) 只有重大性的項目才須入帳

　　　　(C) 不具重大性之項目可不必嚴格遵守會計原則

　　　　(D) 重大性項目需考慮其成本效益。　　【普 108-1】【普 109-2】

（　）　8. 將某一金額以下的支出一律作為收益支出，是合乎：

　　　　(A) 重大性原則　　　　　　　　(B) 一致性原則

　　　　(C) 客觀原則　　　　　　　　　(D) 成本原則。

　　　　　　　　　　　　　　　　　　　　　　　【普 108-3】【普 109-4】

（　）　9. 不動產、廠房及設備不以淨變現價值為評價依據，係基於：

　　　　(A) 成本原則　　　　　　　　　(B) 穩健原則

　　　　(C) 收入與費用配合原則　　　　(D) 繼續經營之假設。

　　　　　　　　　　　　　　　　　　　　　　　　　　　　【普 110-1】

（　）10. 花蓮公司未調整應收票據所產生之應收利息，將：

　　　　(A) 高估應收利息　　　　　　　(B) 低估利息收入

　　　　(C) 高估利息收入　　　　　　　(D) 低估利息費用。

　　　　　　　　　　　　　　　　　　　　　　　　　　　　【普 110-2】

（　）11. 預收收入（合約負債）中，已實現部分應轉入下列哪一個帳戶？

　　　　(A) 資產　　　　　　　　　　　(B) 負債

　　　　(C) 收入　　　　　　　　　　　(D) 費用。　　　【普 110-3】

（　）12. 下列哪一項交易不論是現金基礎還是應計基礎，都會導致本期淨利降低？

　　　　(A) 現金購入存貨商品

　　　　(B) 賒購商品存貨一批

　　　　(C) 現金支付 2 個月的房租押金

　　　　(D) 開即期支票一張支付本月份水電費。　　　【普 108-3】

（　）13. 下列何者係影響財務報告品質的因素？

　　　　(A) 經理人員對於會計方法之選擇

(B) 會計的各種規範

(C) 估計時發生之誤差

(D) 選項 (A)、(B)、(C) 皆是。　　　　　　【普 109-3】

(　) 14. 將某一金額以下的支出一律作為費用支出，是合乎：

(A) 可驗證性　　　　　　　　　　(B) 一致性原則

(C) 成本原則　　　　　　　　　　(D) 重大性原則。【高 108-1】

(　) 15. 鐵路局之鐵軌枕木採汰舊法或重置法計提折舊，此係依據：

(A) 經濟個體假設　　　　　　　　(B) 客觀原則

(C) 行業特性原則　　　　　　　　(D) 成本原則。　　【高 110-1】

(　) 16. 以下幾項魯班建設公司的會計處理實務中，哪一項最有可能違反
一般公認會計原則？

(A) 魯班將其租賃收入，列入其營業收入

(B) 魯班將其利息收入，列入其營業收入

(C) 魯班將其違約金收入，列入其營業外收入

(D) 魯班將其營建成本，列入營業成本。　　　　【高 110-1】

(　) 17. 將一定金額以下的資本支出視為收益支出處理，是合乎：

(A) 比例性原則　　　　　　　　　(B) 成本原則

(C) 客觀性原則　　　　　　　　　(D) 重大性原則。【高 109-3】

(　) 18. 具有決策攸關性之財務報表，必須具備以下哪些條件？甲、有預
測價值；乙、有確認價值；丙、中立性

(A) 僅甲和乙　　　　　　　　　　(B) 僅乙和丙

(C) 僅甲和丙　　　　　　　　　　(D) 甲、乙和丙皆須具備。

【高 108-4】

(　) 19. 有用的財務資訊應同時具備攸關性與忠實表述兩項基本品質特
性，下列何者屬於「攸關性」的內容？

(A) 財務資訊能讓使用者用以預測未來結果

(B) 讓使用者了解描述現象所須之所有資訊，包括所有必要之敘
述及解釋

(C) 財務資訊對經濟現象的描述，能讓各自獨立且具充分認知的經濟現象觀察者，達成對經濟現象的描述為忠實表述的共識

(D) 財務資訊應清楚簡潔地分類、凸顯特性及表達。

【高 110-1】

( ) 20. 玉泉公司購入一組鋼釘，其使用年限為 10 年，但公司仍借記為費用，此符合何種原則？

(A) 配合原則　　　　　　　　(B) 成本原則

(C) 重大性原則　　　　　　　(D) 收入認列原則。

【高 108-4】

( ) 21. 香山雜誌社於 X1 年 8 月收到訂戶匯入之款項共 $12,000，並自 9 月起寄發一年份雜誌。X1 年度財務報表中應列報：

(A) 收入 $12,000　　　　　　(B) 收入 $8,000

(C) 資產 $8,000　　　　　　(D) 負債 $8,000。

【高 109-2】【高 109-3】

1.(B)　2.(A)　3.(D)　4.(C)　5.(B)　6.(D)　7.(B)　8.(A)　9.(D)　10.(B)
11.(C)　12.(D)　13.(D)　14.(D)　15.(C)　16.(B)　17.(D)　18.(A)
19.(A)　20.(C)　21.(D)

● **Chapter 3　習題解析**

1. 保守穩健原則：在評估資產損益時，若有二種以上的方法或金額可供選擇，則會計人員應選擇對本期淨資產與淨純益較不利的方法或金額，以避免企業對其經營績效，作過度樂觀的解讀，有助於企業以較審慎的態度來經營。

2. 若某會計資訊之正確與否，足以影響使用者之決策時，則該資訊具重要性。

3. 選擇會計方法會受到：(1) 公司的獎酬計畫，(2) 股票市場的反應，(3) 公司的債務契約等因素之影響。

4. 配合原則：費用應與收入配合，為賺得收入而發生之費用應與收入在同一報導期間認列，以適當衡量各期之損益。

5. 攸關性：與決策有關，具有改變決策之能力。財務資訊必須與使用者之需求攸關。具備攸關性的資訊可幫助使用者評估過去、現在或未來之事項。

6. 時效性：資訊應在喪失影響決策效力之前，提供給決策人。

7. 重大性原則：(1) 若某會計資訊之正確與否，是以影響使用者之決策時，則該資訊具重要性。(2) 對於不具重要性之會計事項，可作「權宜」處理，毋須嚴格遵守一般公認會計原則。

8. 重大性原則：(1) 若某會計資訊之正確與否，是以影響使用者之決策時，則該資訊具重要性。(2) 對於不具重要性之會計事項，可作「權宜」處理，毋須嚴格遵守一般公認會計原則。

9. 繼續經營之假設：會計處理係假設企業將持續經營，以實現其營業目標並履行各項義務，因此對於結束營業可能發生的狀況不予預期。

10. 正確的分錄，$\begin{cases} 應收利息 & \times\times\times \\ 利息收入 & \times\times\times \end{cases}$，但未調整將使應收利息低

估，且利息收入低估。

11. 已實現的分錄：$\begin{cases} 預收收入 & \times\times\times \\ 收入 & \times\times\times \end{cases}$，即預收收入的減少，且收

入的增加。

12. 即期支票為約當現金，故以此支付本月水電費，無論採現金基礎或應計
基礎，皆使本期淨利降低。

13. 影響財務報告品質的因素：經理人員對於會計方法的選擇、會計的各種
規範、估計時發生之誤差。

14. 重大性原則：太不重要、一定「金額」以下的支出，即使使用效益超過
一年，仍一律作為費用支出，而不依一般資產入帳導致需分年攤提。

15. 行業特性原則：係指對特定行業採用特殊的會計處理方法，以配合該行
業之需要，達到財務報表之用途。

16. 利息收入列入營業收入，將使營業利益高估，也使稅前淨利高估。

17. 重大性原則：太不重要、一定「金額」以下的支出，即使使用效益超過
一年，仍一律作為費用支出，而不依一般資產入帳導致需分年攤提。

18. 攸關性：與決策有關，具有改變決策的能力，需具備：(1) 預測價值；(2)
確認價值。

19. 攸關性：與決策有關，具有改變決策的能力，需具備：(1) 預測價值；(2)
確認價值。

20. 重大性原則：太不重要、一定「金額」以下的支出，即使使用效益超過
一年，仍一律作為費用支出，而不依一般資產入帳導致需分年攤提。

21. $\begin{cases} 現金 & 8,000 \\ 預收款項 & 8,000 \end{cases}$，預收款項列為流動負債。

Chapter 4

會計循環的完成

會計循環是描述公司在每一會計期間內，從記錄交易活動開始依序到最後的編製報表之步驟。步驟如下：

01	02	03	04	05	06	07	08	09
交易活動	記入日記簿	記入分類帳	編製試算表	編製調整分錄	編製調整後分錄	編製財務報表	作結帳分錄	編製結帳後試算表

本章是要介紹會計循環的作結帳分錄 **(8)**，與編製結帳後試算表 **(9)**。

　　結帳的意義：在會計期間終了時，公司必須準備下一期之帳戶，此稱為結帳。結帳時公司必須區分臨時性帳戶與永久性帳戶。

1. 臨時性帳戶 (temporary accounts)：包括所有損益表的科目和「股利」科目。在會計期間終了時，公司必須結清所有的臨時性帳戶。

2. 永久性帳戶 (permanent accounts)：為所有的財務狀況表科目。永久性帳戶在期末並不結清，而是結轉至下一個會計期間。

4-2 編製結帳分錄

會計期間終了，公司藉由結帳分錄將所有臨時性帳戶的餘額，轉入永久性之權益帳戶——「保留盈餘」。

一、結帳分錄

1. 結帳分錄 (closing entries) 係將本期淨利（或本期淨損）及「股利」轉入「保留盈餘」帳戶。
2. 結帳分錄使每一個臨時性帳戶的餘額變為零。
3. 結帳分錄及其過帳是會計循環之必要步驟，只在每年會計期間結束時進行，在下一會計年度，臨時性帳戶重新累積資料，永久性帳戶則不必結清。
4. 結帳分錄及其過帳是會計循環之必要步驟。此步驟係於財務報表編製完成後進行。作結帳分錄及其過帳，只在每年會計期間結束時進行。

二、「損益彙總」的用途

在編製結帳分錄時，公司可以結清每一項損益表的科目，直接轉入「保留盈餘」。然而，此法過於繁雜，因此先結清收入及費用科目轉到另一個臨時性帳戶「損益彙總」(income summary)，這個科目的結餘就是本期淨利或本期淨損，最後再轉入「保留盈餘」。

三、如何記錄結帳分錄

公司在普通日記簿上記錄結帳分錄，而我們要記錄哪些結帳分錄呢？共有四個結帳分錄需記錄。

四個結帳分錄所涉及的會計科目分別是：收入類科目、費用類科目、損益彙總、保留盈餘與股利等。

公司通常可從分類帳之調整後的餘額直接編製結帳分錄，可將每一項虛帳戶分開編製結帳分錄，依下列四筆分錄來完成結帳：

1. 借記每一個收入科目的餘額，貸記「損益彙總」，以結清所有的收入。
2. 貸記每一個費用科目的餘額，借記「損益彙總」，以結清所有的費用。

3. 借記「損益彙總」，貸記「保留盈餘」，以結清淨利，若發生淨損，則貸記「損益彙總」，借記「保留盈餘」。

4. 將「股利」科目的餘額借記「保留盈餘」，以相同的金額貸記「股利」。

1. 例如將收入 100（黑色字）結轉到損益彙總 100（藍色字），分錄為：

$$\left\{\begin{array}{ll} 收入 & 100 \\ \quad 損益彙總 & 100 \end{array}\right.$$

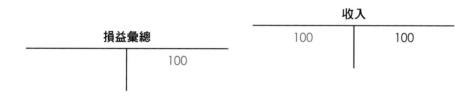

2. 例如將費用 80（黑色字）結轉到損益彙總 80（藍色字），分錄為：

$$\left\{\begin{array}{ll} 損益彙總 & 80 \\ \quad 費用 & 80 \end{array}\right.$$

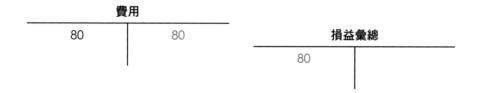

3. 例如將損益彙總 20（黑色字）結轉到保留盈餘 20（藍色字），分錄為：

$$\left\{\begin{array}{ll} 損益彙總 & 20 \\ \quad 保留盈餘 & 20 \end{array}\right.$$

損益彙總

80	100
20	20

保留盈餘

	20

4. 例如將股利 10（黑色字）結轉到保留盈餘 10（藍色字），分錄為：

$$\left\{ \begin{array}{ll} 保留盈餘 & 10 \\ \quad 股利 & 10 \end{array} \right.$$

股利

10	10

保留盈餘

10	20

四、結帳的釋例

我們再以第 3 章中，甲公司的 2023 年 1 月份的損益表、保留盈餘表與資產負債表的資料來進行結帳程序：

	甲公司 損益表 2023 年 1 月份		
服務收入 R			12,700
費用 E			
薪工費用 E		6,000	
廣告用品費用 E		1,500	
租金費用 E		800	
保險費用 E		60	
利息費用 E		40	
折舊費用 E		50	8,450
淨利			4,250

【註】：A 表示資產類。L 表示負債類。O/E 表示股東權益類。R 表示收入類。E 表示費用類。

	甲公司 保留盈餘表 2023 年 1 月份	
保留盈餘 O/E，1 月 1 日		0
加：淨利		4,250
減：股利 O/E		600
保留盈餘 O/E，1 月 31 日		3,650

説明：

1. 借記每一個收入科目的餘額，貸記「損益彙總」，以結清所有的收入。

2023/1/23　　　服務收入　　12,700
　　　　　　　　　損益彙總　　12,700

2. 貸記每一個費用科目的餘額，借記「損益彙總」，以結清所有的費用。

2023/1/31
{
損益彙總	8,450
薪工費用		5,200
廣告用品費用		1,500
租金費用		900
保險費用		50
利息費用		50
折舊費用		40
}

3. 借記「損益彙總」，貸記「保留盈餘」，以結清淨利。

*12,700 - 8,450 = 4,250。

2023/1/31
{
| 損益彙總 | 4,250* |
| 保留盈餘 | | 4,250 |
}

4. 將「股利」科目的餘額借記「保留盈餘」，以相同的金額貸記「股利」。

2023/1/31
{
| 保留盈餘 | 600 |
| 股利 | | 600 |
}

我們一開始以「調整後試算表」的資料，將資產類 (A)、負債類 (L)、股東權益類 (O/E)、收入類 (R) 與費用類 (E) 的相關會計科目依序排列，再來進行結帳程序，完成結帳分錄及過帳後，我們從分類帳再編製另一份試算表，稱為「結帳後試算表」。

甲公司 調整後試算表 2023 年 1 月 31 日		
	借方	貸方
現金 A	26,180	
應收帳款 A	300	
廣告用品 A	3,000	
預付保險費 A	660	
辦公設備 A	4,000	
累計折舊－辦公設備 A		50
應付票據 L		4,000
應付帳款 L		4,500
應付利息 L		40
預收服務收入 L		900
應付薪工 L		1,000
普通股股本 O/E		20,000
保留盈餘 O/E		0
股利 O/E	600	
服務收入 R		12,700
薪工費用 E	6,000	
廣告用品費用 E	1,500	
租金費用 E	800	
保險費用 E	60	
利息費用 E	40	
折舊費用 E	50	
	43,190	43,190

【註】：A 表示資產類。L 表示負債類。O/E 表示股東權益類。R 表示收入類。E 表示費用類。

「結帳後試算表」僅列示了結帳和過帳後所有永久性帳戶及其餘額。永久性帳戶的資產類、負債類、股東權益類的普通股股本皆不變，而其中保留盈餘的數字從零增加為 3,650，而臨時性的帳戶，包括所有的收入類、所有費用類與股利，其會計科目餘額皆為零。

	甲公司 結帳後試算表 2023 年 1 月 31 日	
	借方	貸方
現金 A	26,180	
應收帳款 A	300	
廣告用品 A	3,000	
預付保險費 A	660	
辦公設備 A	4,000	
累計折舊－辦公設備 A		50
應付票據 L		4,000
應付帳款 L		4,500
應付利息 L		40
預收服務收入 L		900
應付薪工 L		1,000
普通股股本 O/E		20,000
保留盈餘 O/E		3,650
股利 O/E	0	
服務收入 R		0
薪工費用 E	0	
廣告用品費用 E	0	
租金費用 E	0	
保險費用 E	0	
利息費用 E	0	
折舊費用 E	0	
	34,140	34,140

【註】：A 表示資產類。L 表示負債類。O/E 表示股東權益類。R 表示收入類。E 表示費用類。

4-4　會計錯誤更正

一、更正錯誤的時點

在記帳程序中有時可能會發生錯誤，公司發現錯誤時應立即作更正分錄 (correcting entries)，並將更正分錄予以過帳。

二、更正分錄與調整分錄的差異

1. 時間的差異

   調整分錄是屬於會計循環整體之一部分，公司只在會計期間終了時作調整分錄及過帳；而更正分錄是公司發現錯誤時須馬上作的。

2. 會計科目的差異

   調整分錄通常會影響一個財務狀況表的科目及一個損益表的科目；而更正分錄則包含需要更正之任何科目，更正分錄必須在結帳前先過帳。

三、會計錯誤更正釋例

例如：乙公司在 5 月 10 日收到顧客賒欠的現金 500，作分錄並過帳，借記「現金」500，貸記「服務收入」500。公司於 5 月 20 日該顧客付清餘款時發現此項錯誤，如何更正該記錄？

說明：

已知錯誤分錄	借：現金 500	貸：服務收入 500。
先把錯誤分錄迴轉	借：服務收入 500	貸：現金 500。 (1)
再作正確分錄	借：現金 500	貸：應收帳款 500。 (2)

(1) 與 (2) 合併

$$\begin{cases} \text{服務收入} \quad 500 \\ \quad\text{應收帳款} \quad 500 \end{cases}$$

例如：丙公司在 5 月 18 日賒購設備，成本 4,500。交易分錄及過帳為借記「設備」450，和貸記「應付帳款」450。丙公司於 6 月 3 日收到債權人的每月對帳單時發現此項錯誤，如何更正該記錄？

說明：

已知錯誤分錄	借：設備 450　貸：應付帳款 450。	
先把錯誤分錄迴轉	借：應付帳款 450　貸：設備 450。	(1)
再作正確分錄	借：設備 4,500　貸：應付帳款 4,500。	(2)

(1) 與 (2) 合併

$$\begin{cases} 設備 \quad 4,050 \\ \quad 應付帳款 \quad 4,050 \end{cases}$$

例如丁公司在 2020 年 1 月，發現下列的錯誤：

1. 支付「薪工費用」600，借記「用品」600，貸記「現金」600。
2. 收到顧客的欠款 200，借記「現金」200，貸記「服務收入」200。
3. 賒購用品 860，借記「用品」680，貸記「應付帳款」680。

1. 說明：已知錯誤分錄	借：用品 600　貸：現金 600。	
先把錯誤分錄迴轉	借：現金 600　貸：用品 600。	(1)
再作正確分錄	借：薪工費用 600　貸：現金 600。	(2)

(1) 與 (2) 合併

$$\begin{cases} 薪工費用 \quad 600 \\ \quad 用品 \quad 600 \end{cases}$$

2. 說明：已知錯誤分錄	借：現金 200　貸：服務收入 200。	
先把錯誤分錄迴轉	借：服務收入 200　貸：現金 200。	(1)
再作正確分錄	借：現金 200　貸：應收帳款 200。	(2)

(1) 與 (2) 合併

$\left\{\begin{array}{ll}服務收入 & 200 \\ \quad 應收帳款 & 200\end{array}\right.$

3. 說明：已知錯誤分錄　　　借：用品 680　貸：應付帳款 680。

先把錯誤分錄迴轉　　借：應付帳款 680　貸：用品 680。　(1)

再作正確分錄　　　　借：用品 860　貸：應付帳款 860。　(2)

(1) 與 (2) 合併

$\left\{\begin{array}{ll}用品 & 180 \\ \quad 應付帳款 & 180\end{array}\right.$

如下面表格列示會計循環之必要步驟：

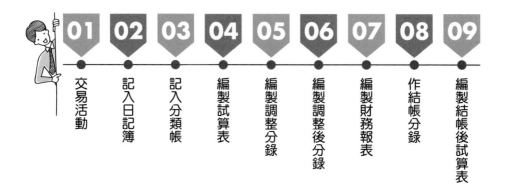

01	02	03	04	05	06	07	08	09
交易活動	記入日記簿	記入分類帳	編製試算表	編製調整分錄	編製調整後分錄	編製財務報表	作結帳分錄	編製結帳後試算表

　　如果把會計循環依執行步驟，劃分成步驟 1 至步驟 9，那麼公司的會計部門在什麼時點需要執行那些步驟呢？

　　步驟 1、2、3：在每一個會計期間內，每日都可能發生。

　　步驟 4、5、6、7：在每月、每季或每年公司會定期完成。

　　步驟 8、9：企業通常只在每年的會計期間結束時編製。

4-6 分類後的資產負債表

為了增進使用者對公司財務狀況的了解，公司通常使用分類後財務狀況表，分類後財務狀況表 (classified statement of financial position) 利用同一個標準分類，將相似的資產和相似的負債放在同一個群組。報表使用者可經由分類後財務狀況表，評估當負債到期時，公司是否有足夠的資產予以支應，長期負債與短期負債占總資產的比例，提供作經濟決策時的資訊。

分類後的資產負債表包含的標準分類項目，以 T 字帳表示如下圖：

資產負債表

資產	負債及股東權益
流動資產	流動負債
非流動資產	非流動負債
長期投資	股東權益
不動產、廠房及設備	
無形資產	

一、流動資產

流動資產 (current assets) 係指預期在一年或一個營業循環內，可變成現金或耗用之資產。

營業循環 (operating cycle)：係指企業從購買貨品、賒銷商品到向顧客收取現金平均所需的時間。大部分企業之營業循環，都短於一年，所以使用一年為一個週期。

假設公司以一年來決定資產或負債是流動或非流動，流動資產的項目：

1. 現金
2. 投資（例如：短期政府公債）
3. 應收票據
4. 應收帳款
5. 應收利息

6. 存貨
7. 預付費用

二、非流動資產

非流動資產類有長期投資，不動產、廠房及設備，與無形資產等。

1. 長期投資

長期投資 (long-term investments) 通常是指：

(1) 投資其他公司之普通股票及債券。

(2) 在營業過程中不會使用的非流動資產，如：土地或建築物。

(3) 長期應收帳款。

2. 不動產、廠房及設備

不動產、廠房及設備 (property, plant, and equipment)，通常簡稱為固定資產，指目前供企業營業上長期使用之資產，包括土地、房屋、機器和設備、運輸設備及家具等。

3. 無形資產

長期性的資產，其沒有實質形體，但是卻有價值，稱為無形資產 (intangible assets)。無形資產包括商譽、專利權、版權、商標或商業名稱等。

三、流動負債

流動負債 (current liabilities) 係指次年或其營業循環內（兩者取時間較長者）要清償之債務。流動負債的項目：

1. 應付帳款
2. 應付薪資
3. 應付銀行貸款
4. 應付利息
5. 應付所得稅
6. 流動負債的長期負債一年內到期部分

四、非流動負債

非流動負債 (non-current liabilities) 係指預期於一年後清償之債務。

負債的項目有：

1. 應付公司債

2. 應付抵押借款

3. 長期應付票據

4. 租賃負債

5. 退休金負債

五、股東權益

在公司組織之權益項目：

1. 普通股股本

2. 保留盈餘

（　）1. 下列哪一項屬於流動資產？
(A) 高階主管人壽保險現金解約價值（受益人為公司）
(B) 意圖控制某一公司而購買的該公司股票
(C) 指定用途為購買不動產、廠房及設備的現金
(D) 應於 18 個月後收取的應收分期付款金額。　　【普 108-1】

（　）2. 資產負債表中的流動項目，不應該包括以下哪一項？
(A) 超過一年以上的分期應收帳款
(B) 購買短期債券投資的溢價部分
(C) 非以再出售為目的進行購併其他公司而認列的商譽
(D) 預付一年保費。　　【普 110-3】

（　）3. 資產負債表中的流動項目，不應該包括以下哪一項？
(A) 賒帳過期一年以上，但尚未收回的應收帳款
(B) 購買短期債券投資的溢價部分
(C) 非以再出售為目的進行購併其他公司而認列的商譽
(D) 應收客戶帳款有貸方餘額者。　　【普 109-2】

（　）4. 將一項利息收入誤列為營業收入，將使當期淨利：
(A) 虛增　　　　　　　　(B) 虛減
(C) 不變　　　　　　　　(D) 選項 (A)、(B)、(C) 皆非。
　　　　　　　　　　　　【普 110-1】【普 110-3】

（　）5. 償債基金在資產負債表上應列為：
(A) 非流動資產　　　　　(B) 流動資產
(C) 負債之加項　　　　　(D) 權益。　　【普 110-2】

（　）6. 下列哪一項不能列為流動資產？
(A) 正常分期付款銷貨所收到之應收票據，到期日在 12 個月以內者
(B) 預付一年內將徵收之財產稅

(C) 以交易為目的之金融資產

(D) 人壽保險之解約現金價值，總經理為受益人。　【高 108-4】

（　）7. 下列何者為非？

(A) 6 個月到期之負債，雖到期時擬發行普通股之方式清償，在資產負債表上仍應列為流動負債

(B) 無提列償債基金的長期負債，其即將於一年內到期償還部分，在資產負債表上應列為短期負債

(C) 公司開出半年內到期之期票，持向銀行貼現（不附追索權方式），應列為公司或有負債

(D) 提撥償債基金準備，並不會使權益總額發生變動。

　【高 108-3】【高 108-4】

（　）8. 房地產公司購入而尚未出售之房屋應列為：

(A) 無形資產　　　　　　　　(B) 不動產、廠房及設備

(C) 基金與投資　　　　　　　(D) 流動資產。　【高 109-1】

（　）9. 採用權責基礎記帳，期末應將當期應負擔之費用由下列何者轉為費用：

(A) 資產　　　　　　　　　　(B) 負債

(C) 權益　　　　　　　　　　(D) 收入。　【高 108-3】

（　）10. 某公司的會計人員發現去年度有一筆 $50,000 文具用品費誤記為水電費用，請問這項錯的更正會：

(A) 影響本期淨利

(B) 不影響本期淨利，但影響前期損益

(C) 不影響本期淨利，也不影響前期損益或保留盈餘

(D) 不影響本期淨利，但影響保留盈餘。　【高 110-2】

（　）11. 將一項營業收入誤列為利息收入，將使當期淨利：

(A) 虛增　　　　　　　　　　(B) 虛減

(C) 不變　　　　　　　　　　(D) 選項 (A)、(B)、(C) 皆非。

　【高 108-2】【高 109-2】

1.(D)　2.(C)　3.(C)　4.(C)　5.(A)　6.(D)　7.(C)　8.(D)　9.(A)
10.(C)　11.(C)

● Chapter 4　習題解析

1. 依國際會計準則第一號「財務報表之表達」規定，企業預期於其正常營業週期中實現該資產，或意圖將其出售或消耗。企業應將資產分類為流動資產。依題意，應於 18 個月後收取的應收分期付款金額，即表示營業週期為 18 個月。

2. 因交易目的而持有該資產者，企業應將資產分類為流動資產。依題意，非以再出售為目的進行購併其他公司而認列的商譽，即表示非因交易目的而持有該資產者，故不應列為流動資產。

3. 因交易目的而持有該資產者，企業應將資產分類為流動資產。依題意，非以再出售為目的進行購併其他公司而認列的商譽，即表示非因交易目的而持有該資產者，故不應列為流動資產。

4. 僅分類錯誤，都是收入項目，所以當期淨利不受影響。

5. 償債基金在資產負債表上列在資產的非流動資產項下。

6. 人壽保險之解約現金價值，應列為公司的長期投資項目，即非流動資產。

7. 半年內到期之期票，持向銀行貼現，應列為公司的流動負債。

8. 準備提供正常營運出售之製成品或商品，即為存貨。此外，正在生產中之再製品，將於未來加工完成後出售者，或直接、間接用於生產供出售之商品或材料等，亦屬存貨。

9. 資產轉列為費用，例如：預付費用為資產科目，期末轉為費用。

10. 僅分類錯誤，不影響本期淨利，也不影響前期損益或保留盈餘。

11. 僅分類錯誤，對當期淨利不受影響。

Chapter 5

買賣業的會計處理

公司依其經營性質與營業範圍的不同，可分為服務業、買賣業與製造業三類。

行業別	特性
服務業	為顧客提供特定服務而賺取收入者。
買賣業	購入商品並轉售他人，其利潤為買賣商品的價差。
製造業	購入原料，經加工生產，製成商品後再出售給他人者。

5-1 買賣業的綜合損益表

　　買賣業的種類有批發商與零售商，他們由製造商購入商品，再轉售給其他批發商與零售商或最終的消費者。

　　下面這一張財務報表是屬於買賣業的綜合損益表，該綜合損益表是由兩部分所組成的，第一部分是損益表，即所計算的淨利。從第一部分的組成就可以看出買賣業的行業特性，「銷貨收入」是轉售的收入，「銷貨成本」是由製造商或其他買賣業的購貨成本，而主要的利潤稱為「營業淨利」。第二部分是計算淨利時被排除在淨利以外的一些利益和損失，就計算到其他綜合損益。

　　所以我們可以這樣看待這張買賣業的綜合損益表，即淨利（損益表）＋其他綜合損益＝綜合損益表。

Chapter 5

買賣業的會計處理

公司名稱 綜合損益表 2022 年度		
銷貨收入		
銷貨收入		xxx
減：銷貨退回與折讓	xxx	
銷貨折扣	xxx	xxx
銷貨淨額		xxx
銷貨成本		xxx
銷貨毛利		xxx
營業費用		
薪工費用	xxx	
水電費用	xxx	
廣告費用	xxx	
折舊費用	xxx	
銷貨費用	xxx	
保險費用	xxx	
營業費用合計		xxx
營業淨利		xxx
其他收益及費損		
利息收入	xxx	
出售設備利益	xxx	
意外災害損失	xxx	xxx
利息費用		xxx
淨利		xxx
其他綜合損益		
投資證券未實現持有利得		xxx
退休金計畫		xxx
外幣交易損益		xxx
綜合損益		xxx

5-2 買賣業的存貨盤點制度

買賣業對存貨的盤點方式，公司可採用兩種制度之一：永續盤存制或定期盤點制。

永續盤存制：在永續盤存制 (perpetual inventory system) 下，公司需詳細記錄每筆存貨的買進成本及銷售，並在帳上持續、永續地顯示目前每一項存貨之記錄。

定期盤點制：在定期盤點制 (periodic inventory system) 下，公司不需要對每一段期間內所持有的存貨維持詳細的記錄，銷貨成本只有在會計期間結束時才計算。期末時，公司必須盤點存貨以決定庫存商品的成本。

一、永續盤存制的會計分錄

乙公司向甲公司進貨商品，相關的交易事項如下。

5/4 乙公司向甲公司賒購商品，賒購金額為 3,800，分錄如下：

$$
\begin{cases}
\text{存貨} & 3,800 \\
\quad \text{應付帳款} & 3,800
\end{cases}
$$

5/6 乙公司支付貨運公司的運費 150，由於運送條件是 FOB 起運點交貨，運費是由買方（乙公司）負擔，分錄如下：

$$
\begin{cases}
\text{存貨} & 150 \\
\quad \text{現金} & 150
\end{cases}
$$

5/8 乙公司退回成本 300 的商品給甲公司，分錄如下：

$$
\begin{cases}
\text{應付帳款} & 300 \\
\quad \text{存貨} & 300
\end{cases}
$$

5/14 乙公司在折扣期間內支付的款項，信用條件是 2/10，n/30，分錄如下：

因為是在折扣期間，所以折扣金額為 (3,800 – 300) × 2% = 70。

$\begin{cases} \text{應付帳款} & 3,500 \\ \quad \text{現金} & 3,430 \\ \quad \text{存貨} & 70 \end{cases}$

Step1：因折扣減少存貨成本 70。
Step2：應付帳款 3,800 – 300 = 3,500。
Step3：現金 Step2 – Step1 = 3,500 – 70 = 3,430。

甲公司將商品銷售給乙公司，相關的交易事項如下。
5/4 甲公司賒銷商品，賒銷金額 3,800，銷貨成本 2,400，分錄如下：

$\begin{cases} \text{應收帳款} & 3,800 \\ \quad \text{銷貨收入} & 3,800 \end{cases}$

$\begin{cases} \text{銷貨成本} & 2,400 \\ \quad \text{存貨} & 2,400 \end{cases}$

5/8 甲公司接受賒銷商品退回與折讓，銷貨退回與折讓金額 300，銷貨成本 140，分錄如下：

$\begin{cases} \text{銷貨退回與折讓} & 300 \\ \quad \text{應收帳款} & 300 \end{cases}$

$\begin{cases} \text{銷貨成本} & 140 \\ \quad \text{存貨} & 140 \end{cases}$

5/14 甲公司收到乙公司在折扣期間內支付的款項，分錄如下：

$\begin{cases} \text{現金} & 3,430 \\ \text{銷貨折扣} & 70 \\ \quad \text{應收帳款} & 3,500 \end{cases}$

Step1：因為是在折扣期間 10 日還款，所以折扣金額為 (3,800 - 300) × 2% = 70，銷貨折扣是甲公司（賣方）的費用。

Step2：應收帳款 3,800 - 300 = 3,500。

Step3：現金 Step2 - Step1 = 3,500 - 70 = 3,430。

二、定期盤存制的會計分錄

乙公司向甲公司進貨商品，相關的交易事項如下。

5/4 乙公司向甲公司賒購商品，賒購金額 3,800，分錄如下：

$$\begin{cases} 進貨 & 3,800 \\ \quad 應付帳款 & 3,800 \end{cases}$$

5/6 乙公司支付貨運公司的運費 150，由於運送條件是 FOB 起運點交貨，運費是由買方（乙公司）負擔，分錄如下：

進貨運費為買方的進貨科目的加項。

$$\begin{cases} 進貨運費 & 150 \\ \quad 現金 & 150 \end{cases}$$

5/8 乙公司退回成本 300 的商品給甲公司，分錄如下：

進貨退回與折讓為買方的進貨科目的減項。

$$\begin{cases} 應付帳款 & 300 \\ \quad 進貨退回與折讓 & 300 \end{cases}$$

5/14 乙公司在折扣期間內支付的款項，信用條件是 2/10，n/30，分錄如下：

信用條件是 2/10，n/30，表示 10 日還款可享受 2% 的銷貨折扣，而最慢在 30 日內付清款項。

因為是在折扣期間 10 日還款，所以折扣金額為 (3,800 - 300) × 2% = 70，進貨折扣為買方的進貨科目的減項。

$$\left\{\begin{array}{ll} 應付帳款 & 3,500 \\ \quad 現金 & 3,430 \\ \quad 進貨折扣 & 70 \end{array}\right.$$

Step1：因折扣減少存貨成本 70。

Step2：應付帳款 3,800 – 300 = 3,500。

Step3：現金 Step2 – Step1 = 3,500 – 70 = 3,430。

甲公司將商品銷售給乙公司，相關的交易事項如下。

5/4 甲公司賒銷商品，賒銷金額 3,800，銷貨成本 2,400，分錄如下：

$$\left\{\begin{array}{ll} 應收帳款 & 3,800 \\ \quad 銷貨收入 & 3,800 \end{array}\right.$$

不作存貨與銷貨成本同時減少的分錄。

5/8 甲公司接受賒銷商品退回與折讓，銷貨退回與折讓金額 300，銷貨成本 140，分錄如下：

$$\left\{\begin{array}{ll} 銷貨退回與折讓 & 300 \\ \quad 應收帳款 & 300 \end{array}\right.$$

不作存貨與銷貨成本同時增加的分錄。

5/14 甲公司收到乙公司在折扣期間內支付的款項，分錄如下：

$$\left\{\begin{array}{ll} 現金 & 3,430 \\ 銷貨折扣 & 70 \\ \quad 應收帳款 & 3,500 \end{array}\right.$$

Step1：因為是在折扣期間，所以折扣金額為 (3,800 – 300) × 2% = 70，銷貨折扣是甲公司（賣方）的費用。

Step2：應收帳款 3,800 – 300 = 3,500。

Step3：現金 Step2 – Step1 = 3,500 – 70 = 3,430。

5-3 買賣業的財務報表表達

在本章的第 1 節我們就先列出一張買賣業的綜合損益表，現在我們把這張綜合損益表予以拆解，拆成銷貨淨額、營業費用、其他收益及費損與其他綜合損益等項目，逐一了解這些項目是由哪些會計科目所組成的，有助於我們對買賣業的綜合損益表認識。

一、銷貨淨額在綜合損益表的表達

在損益表上，係以銷貨收入為起點，扣除抵減項目—銷貨退回與折讓和銷貨折扣，以求得銷貨淨額 (net sales)。

銷貨收入		
銷貨收入		xxx
減：銷貨退回與折讓	xxx	
銷貨折扣	xxx	xxx
銷貨淨額		xxx
銷貨成本		xxx
銷貨毛利		xxx

二、營業費用在綜合損益表的表達

營業費用 (operating expenses) 為買賣業損益表中下一個要素，在賺取銷貨收入的過程中會產生一些費用，買賣業之營業費用與服務業類似。

營業費用	
薪工費用	xxx
水電費用	xxx
廣告費用	xxx
折舊費用	xxx
銷貨費用	xxx
保險費用	xxx
營業費用合計	xxx

三、其他收益及費損在綜合損益表的表達

其他收益及費損,包括與企業主要營業活動無關之各種收入、利得、費用和損失,買賣業之損益表將其他收益及費損,列於公司的主要營業活動之後。

其他收益及費損	
利息收入	XXX
出售設備利益	XXX
意外災害損失	XXX

四、其他綜合損益在綜合損益表的表達

IFRS 要求公司對某些類型的資產和負債必須以公允價值調整入帳,因調整至公允價值而產生之未實現利益或損失的金額並不列在本期淨利中,而列入其他綜合損益 (comprehensive income)。

其他綜合損益	
投資證券未實現持有利得	XXX
退休金計畫	XXX
外幣交易損益	XXX

（　）1. 下列何者不是銷貨成本增加的原因？

　　　　(A) 會計方法改變

　　　　(B) 產品市場需求變動

　　　　(C) 勞動市場改變

　　　　(D) 以上皆能造成銷貨成本增加。　　　　　　【普 110-2】

（　）2. 鎮安公司 X7 年度其銷貨收入 90,000 元，銷貨成本為 60,000 元，
　　　　則鎮安公司的銷貨毛利率為何？

　　　　(A) 20%　　　　　　　　　　(B) 25%

　　　　(C) 30%　　　　　　　　　　(D) 33%。　　　　【普 111-1】

（　）3. 下列哪些屬於綜合損益表上營業外費用的一種？

　　　　(A) 會計政策變動影響數

　　　　(B) 不動產、廠房及設備之處分損失

　　　　(C) 促銷期間的贈品費用

　　　　(D) 銷貨折讓。　　　　　　　　　　　　　　【普 108-4】

（　）4. 下列何項不可能會出現在企業的綜合損益表？

　　　　(A) 處分投資利益（損失）　　　(B) 庫藏股票

　　　　(C) 研發費用　　　　　　　　　(D) 外幣兌換利益（損失）。

　　　　　　　　　　　　　　　　　　　　　　　　　【普 108-1】

（　）5. 下列何種資訊不在綜合損益表上揭露？

　　　　(A) 股本溢價　　　　　　　　　(B) 本期淨利

　　　　(C) 每股盈餘　　　　　　　　　(D) 所得稅費用。　【普 109-2】

（　）6. 加祿企業一年的採購經費是 8 億元，透過網際網路進行採購，可
　　　　以輕鬆省下 3,000 萬元。也就是說，網際網路採購服務，可以幫
　　　　助降低加祿的：

　　　　(A) 營業成本　　　　　　　　　(B) 研究發展費用

　　　　(C) 折舊費用　　　　　　　　　(D) 推銷費用。　　【普 108-3】

( ) 7. 以下哪個部門的成本，最不可能被計入麥特電腦公司的營業成本項下？
(A) 封裝作業部   (B) 主機板測試作業組
(C) 職工福利委員會   (D) 機器加工作業組。

【高 109-1】

( ) 8. 泰安企業一年的採購經費是 5 億元，透過網際路進行採購可以輕鬆省下 1,000 萬元。也就是說，網際路採購服務，可以幫助降低泰安企業的：
(A) 營業成本   (B) 研究發展費用
(C) 折舊費用   (D) 推銷費用。

【高 108-2】【高 110-2】

( ) 9. 因市政府要徵收企業自用的土地興建公共停車場，企業出售土地給市政府所得之利益應歸於其財務報表上的哪一個項目下？
(A) 停業單位損益   (B) 營業外損益
(C) 營業毛利   (D) 選項 (A)、(B)、(C) 皆非。

【高 108-2】

( ) 10. 卡麥隆工業財務報表的營業費用包含銷售費用與一般管理費用兩大項，以下哪一個部門的費用最有可能被列在一般管理費用項下？
(A) 打光工程組   (B) 出納科
(C) 工程品管課   (D) 工業工程課。

【高 108-3】【高 108-4】【高 110-1】

( ) 11. 製造業公司發行 10 年期公司債所產生的利息費用在財務報表上應列為哪個項目之下？
(A) 銷售費用   (B) 管理費用
(C) 長期負債   (D) 營業外費用。 【高 108-1】

( ) 12. 偉特公司因泰銖貶值發生未實現匯兌利得 (Unrealized Foreign Exchange Gains) 5,000 萬元，其影響為：

(A) 銷貨毛利會增加　　　　　(B) 營業費用會減少

(C) 營業外收入會增加　　　　(D) 選項 (A)、(B)、(C) 皆非。

【高 109-4】

(　) 13. 企業提前清償公司債所造成的損益，在綜合損益表中的報導方式為：

(A) 列為營業費用的調整項目，因為這是營業活動之一

(B) 列為營業外損益，因為這不是主要營業項目

(C) 列為營業淨利的調整項目，因為會計原則的規定如此

(D) 因為其性質特殊且不常發生，應以稅後淨額表達，列於停業單位損益之下。　　　　　　　　　　　　　　【高 109-4】

(　) 14. 霍普金斯證券公司處分交易目的持有之 10,000 張台灣水泥股票，獲利 2 億 3 千萬元，應記入：

(A) 營業利益　　　　　　　　(B) 其他綜合利益

(C) 公司內部移轉　　　　　　(D) 營業外收入。　【高 108-2】

(　) 15. 紐澤西食品財務報表的營業費用包含銷售費用與一般管理費用兩大項，以下哪一個部門的費用最有可能被列在銷售費用項下？

(A) 媒體廣告課　　　　　　　(B) 股務室

(C) 總務課　　　　　　　　　(D) 法務室。　　　【高 109-4】

(　) 16. 太平洋電腦財務報表的營業費用包含銷售費用與一般管理費用兩大項，以下哪一個部門的費用最不可能被列在營業費用項下？

(A) 會計室　　　　　　　　　(B) 經濟研究組

(C) 資金調度課　　　　　　　(D) 機器設定組。　【高 108-3】

(　) 17. 下列何者在損益表上係以稅後金額表達？

(A) 銷貨收入　　　　　　　　(B) 營業利益

(C) 停業單位損益　　　　　　(D) 研究發展費用。

【高 109-1】

(　) 18. 某公司帳上期初存貨 $150,000，期末盤點時剩下 $100,000，已知本期淨進貨共 $100,000，進貨折扣共 $1,000，進貨運費共

Chapter **5**

買賣業的會計處理

$2,000，銷貨運費共 $3,000，銷貨收入共 $300,000，請問該公司本期的銷貨成本應為多少？

(A)$210,000   (B)$151,000

(C)$90,000   (D)$120,000。

【高 109-2】【高 110-2】

(　) 19. 根據下列資料，銷貨毛利金額應為多少？

期初存貨 $18、進貨折扣 $3、銷貨折扣 $8、期末存貨 $23、進貨總額 $215、進貨運費 $4、銷貨運費 $7、進貨退回 $2、銷貨退回 $6、銷貨總額 $440。

(A)$210   (B)$212

(C)$217   (D)$221。   【高 109-3】

(　) 20. 威尼斯企業本期的營業收入是 21 億元，進貨成本是 18 億元，營業費用是 7 億元，銷貨毛利是 12 億元，則其營業利益的金額應該是：

(A)5 億元   (B)3 億元

(C)24 億元   (D)－35 億元。   【高 108-1】

(　) 21. 民雄公司去年底財務報表上列有銷貨毛利 5,000 萬元，營業費用 1,000 萬元，營業外收入 200 萬元，營業外費用 2,000 萬元，遞延所得稅 1,000 萬元，所得稅費用 500 萬元，則其稅後淨利為：

(A)2,700 萬元   (B)1,700 萬元

(C)1,300 萬元   (D)3,200 萬元。

【高 108-3】【高 109-4】

(　) 22. X1 年度利息費用多計 $10,000，進貨運費少計 $5,000，期末存貨少計 $5,000，則 X1 年度損益表會有何影響？

(A) 銷貨成本少計 $10,000   (B) 銷貨毛利少計 $5,000

(C) 營業利益少計 $10,000   (D) 營業利益不變。

【高 109-3】

(　) 23. 將利息收入誤列為營業收益，將使當期營業淨利：

(A) 不變   (B) 低估

(C) 高估   (D) 視利息費用高低而決定。

【高 108-4】

(   ) 24. 楊梅公司 X1 年財務報表上列有營業利益 7,400 萬元,營業費用 2,000 萬元,營業外收入 200 萬元,營業外費用 1,500 萬元,遞延所得稅 1,800 萬元,則其稅前淨利為:

(A)6,100 萬元   (B)5,200 萬元

(C)1,300 萬元   (D)3,300 萬元。   【高 108-4】

(   ) 25. 某公司去年度銷貨毛額為 600 萬元,銷貨退回 50 萬元,已知其期初存貨與期末存貨皆為 110 萬元,本期進貨 300 萬元,另有銷售費用 50 萬元,管理費用 62 萬元,銷貨折扣 50 萬元,請問其銷貨毛利率是多少?

(A)60%   (B)40%

(C)20%   (D)10%。

【高 109-1】【高 110-1】【高 110-2】

(   ) 26. 馬祖公司 X9 年度進貨 $7,000,000,進貨運費為 $1,000,000,X9 年底期末存貨比期初存貨多 $2,000,000,銷貨毛利率為 60%,營業費用合計 $3,000,000。馬祖公司 X9 年度營業淨利率為:

(A)25%   (B)30%

(C)35%   (D)40%。   【高 110-2】

(   ) 27. 某公司的稅後淨利為 60 萬元,已知銷貨毛利率為 30%,純益率為(稅後淨利率)15%,請問該公司的銷貨成本為多少?

(A)320 萬元   (B)280 萬元

(C)480 萬元   (D)540 萬元。   【高 108-4】

(   ) 28. 大林公司去年度的銷貨毛利為 1,500 萬元,毛利率為 20%,稅前純益率為10%,企業的所得稅率為17%,該公司去年度的淨利為:

(A)622.5 萬元   (B)102 萬元

(C)124.5 萬元   (D)84 萬元。

【高 108-1】【高 108-4】

1.(D)　2.(D)　3.(B)　4.(B)　5.(A)　6.(A)　7.(C)　8.(A)　9.(B)　10.(B)

11.(D)　12.(C)　13.(B)　14.(A)　15.(A)　16.(D)　17.(C)　18.(B)

19.(C)　20.(A)　21.(B)　22.(D)　23.(C)　24.(A)　25.(B)　26.(D)

27.(B)　28.(A)

● Chapter 5　習題解析

1. 由銷貨成本 = 期初存貨 + 本期進貨 − 期末存貨，影響銷貨成本上升的因素有期初存貨增加、本期進貨增加或期末存貨減少。

2. 1 − 銷貨毛利率 = 銷貨成本率，故 1 − 銷貨毛利率 = $\dfrac{銷貨成本}{銷貨收入}$，即 1 − 銷貨毛利率 = $\dfrac{60,000}{90,000}$，得銷貨毛利率 = 33%。

3. 不動產、廠房及設備之處分損失，乃營業外費用。

4. 庫藏股票是資產負債表之股東權益項下的減項。

5. 股本溢價是資產負債表之股東權益。

6. 採購支出對該企業乃營業成本。

7. 職工福利委員會的成本，應列在營業費用項目內。

8. 採購經費是屬於營業成本，採購經費的節省，即是營業成本的降低。

9. 出售土地利益應列在營業外損益內。

10. 出納科的費用將列在一般管理費用內。

11. 利息費用應列在營業外費用。

12. 未實現匯兌利得列在營業外收入項目內。

13. 處分公司債的損益，乃營業外損益，因為這不是該企業的主要營業項目。

14. 證券公司處分證券的獲利乃本業的利益，故應計入營業利益。

15. 媒體廣告課的費用列在銷售費用項下。

16. 機器設定組的費用是屬於製造費用。

17. 停業單位損益是以稅後金額表達。

18. 本期進貨 = 100,000 − 1,000 + 2,000 = 101,000，

    銷貨成本 = 期初存貨 + 本期進貨 − 期末存貨

    　　　　 = 150,000 + 101,000 − 100,000 = 151,000。

19. 進貨淨額 = 進貨總額 − 進貨折扣 − 進貨退回 ＋ 進貨運費 = 215 − 3 − 2 + 4 = 214。

    銷貨淨額 = 銷貨總額 − 銷貨折扣 − 銷貨退回 = 440 − 8 − 6 = 426。

    銷貨成本 = 期初存貨 + 進貨淨額 − 期末存貨 = 18 + 214 − 23 = 209。

    銷貨毛利 = 銷貨淨額 − 銷貨成本 = 426 − 209 = 217。

20. 營業利益 = 銷貨毛利 − 營業費用 = 12 − 7 = 5。

21. 營業利益 = 銷貨毛利 − 營業費用 = 5,000 − 1,000 = 4,000，

    稅前淨利 = 營業利益 + 營業外收入 − 營業外支出 = 4,000 + 200 − 2,000 = 2,200，

    稅後淨利 = 稅前淨利 − 所得稅費用 = 2,200 − 500 = 1,700。

22. 銷貨成本 = 期初存貨 + 本期進貨 − 期末存貨，

    　　　　　　　　　　↓ 5,000 − ↓ 5,000

    則銷貨成本不變，即銷貨毛利不變，若利息費用多計 10,000，則營業外支出多計 10,000，營業利益 = 銷貨毛利 − 營業費用，所以營業利益不變。

23. 銷貨毛利 = 銷貨收入 − 銷貨成本，

    營業利益 = 銷貨毛利 − 營業費用，

    稅前淨利 = 營業利益 + 營業外收入 − 營業外支出，利息收入應列為營業外收入，現誤列到銷貨收入，將使銷貨毛利高估，即營業利益高估，也使得稅前淨利高。

24. 7,400 + 200 − 1,500 = 6,100（稅前淨利）。

25. 銷貨淨額 = 銷貨毛額 − 銷貨退回 − 銷貨折扣 = 600 − 50 − 50 = 500，

    銷貨成本 = 期初存貨 + 本期進貨 − 期末存貨 = 110 + 300 − 110 = 300，

    銷貨毛利 = 銷貨淨額 − 銷貨成本 = 500 − 300 = 200，

    銷貨毛利率 $= \dfrac{200}{500} = 40\%$。

26. $1-$ 銷貨毛利率 $=$ 銷貨成本率 $=\dfrac{\text{銷貨成本}}{\text{銷貨淨額}}$ ，$(1-60\%)$

$$=\dfrac{\text{期初存貨}+\text{進貨}+\text{進貨運費}-\text{期末存貨}}{\text{銷貨淨額}}。$$

$$1-60\%=\dfrac{\text{進貨}+\text{進貨運費}-(\text{期末存貨}-\text{期初存貨})}{\text{銷貨淨額}}。$$

$$40\%=\dfrac{700,000+100,000-2,000,000}{\text{銷貨淨額}}，\text{銷貨淨利}=15,000,000，$$

營業利益 $=$ 銷貨毛利 $-$ 營業費用，

$$\text{營業淨利率}=\dfrac{\text{營業利益}}{\text{銷貨淨額}}=\dfrac{9,000,000-3,000,000}{15,000,000}=40\%。$$

27. 純益率 $=\dfrac{\text{稅後純益}}{\text{銷貨收入}}$，$15\%=\dfrac{60（\text{萬}）}{\text{銷貨收入}}$，銷貨收入 $=400$，

銷貨成本 $=$ 銷貨收入 $\times(1-\text{銷貨毛利率})=400\times(1-30\%)=280。$

28. 毛利率 $=\dfrac{\text{銷貨毛利}}{\text{銷貨收入}}$，$20\%=\dfrac{1,500}{\text{銷貨收入}}$，得銷貨收入 $=7,500$，

稅前純益率 $=\dfrac{\text{稅前純益}}{\text{銷貨收入}}$，$10\%=\dfrac{\text{稅前純益}}{7,500}$，得稅前純益 $=750$，

稅後淨利 $=$ 稅前純益 $\times(1-\text{稅率})=750\times(1-17\%)=622.5（\text{萬}）。$

Chapter 6

存貨

在買賣業公司中的存貨分類為：商品存貨。

在製造業公司中，存貨通常分為三類：原料、在製品及製成品。

行業別	存貨
買賣業	商品存貨。
製造業	原料：為商品的基礎，其將要生產但是尚未投入生產。 在製品：係一部分已加入生產製造，但尚未完成的存貨。 製成品：為已製造完成而預備出售的項目。

6-2 商品所有權的歸屬

一、在途存貨

期末時要決定在途存貨的所有權,有兩種狀況:

1. FOB 起運點交貨 (FOB (free on board) shipping point),在途存貨的所有權屬買方。
2. FOB 目的地交貨 (FOB destination),在途存貨的所有權屬賣方。

例如:

甲公司在 12 月 31 日庫存存貨有 20,000 單位,也有下列在途存貨:

FOB 目的地交貨,銷貨 1,500 單位,已於 12 月 31 日運出。

FOB 起運點交貨,買進 2,500 單位,12 月 31 日已由賣方運出。

甲公司對售出 1,500 單位及購入 2,500 單位之商品都有法定所有權。假如甲公司忽略在途存貨,將低估存貨數量 4,000 單位 (1,500 + 2,500)。

二、寄銷品

企業託售其他企業的商品,這些商品稱之為寄銷品 (consigned goods)。

例如:年初東元電機製造商將五部冷氣機交給大潤發大賣場銷售,若年底大潤發大賣場尚未賣出這五部冷氣機,這五部冷氣機仍歸屬東元電機製造商的存貨,而不是大潤發的存貨。

存貨是以成本計算,而成本是由單位單位成本乘上數量。公司在決定存貨數量單位後,運用單位成本,計算存貨總成本,同時也可以計算銷貨成本。由於公司購買存貨有不同的時間和不同的價格(即單位成本),此為存貨成本流動。

存貨成本流動的方法有兩種:

個別認定法 (specific identification method)

成本流動假設法(包括先進先出法 (FIFO) 和平均成本法 (average-cost method))

一、個別認定法

依據商品的購買與銷售,個別認定存貨的實際流動情形。

個別認定法只有在公司出售產品的項目不多、單位成本高,且在購入及出售時均能清楚分辨的情況下才有可能採用,如汽車、鋼琴或鑽石。

二、成本流動假設法

(一) 先進先出法 (FIFO)

假設最早買入的商品是最早被出售。在先進先出法下,是假設最早購入的商品會首先被出售,期末存貨成本大多數是最後進貨的價格。

在先進先出法下，公司取得期末存貨成本，是以最近一批進貨的單位成本往前推，直到每個存貨的成本都被算進去為止。

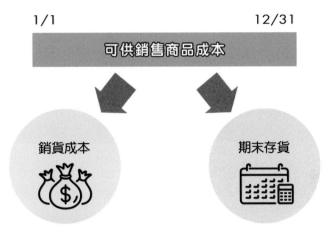

釋例：

甲公司有下列的期初存貨、本期進貨及銷貨等資訊：

日期	摘要	數量	單位成本	總成本
1/1	期初存貨	10	100	1,000
4/15	進貨	20	110	2,200
8/24	進貨	30	120	3,600
9/10	銷貨	55		
11/27	進貨	40	130	5,200

説明：

日期	進貨	銷貨	存貨
1/1			10 × 100 = 1,000
4/15	**20 × 110 = 2,200**		10 × 100 = 1,000 **20 × 110 = 2,200**
8/24	**30 × 120 = 3,600**		10 × 100 = 1,000 20 × 110 = 2,200 **30 × 120 = 3,600**
9/10		10 × 100 = 1,000 20 × 110 = 2,200 25 × 120 = 3,000	5 × 120 = 600
11/27	**40 × 130 = 5,200**		5 × 120 = 600 **40 × 130 = 5,200**

9/10 的銷貨數量是 55 單位，依先進先出法，是**早先進貨的先拿出去賣**，所以 1/1 有期初存貨數量為 10 單位，4/15 為進貨數量 20 單位，8/24 為進貨數量 30 單位，所以可銷售商品的數量為 10 + 20 + 30 = 60，賣掉了 55 單位，還剩下 5 單位，銷貨成本為 1,000 + 2,200 + 3,000 = 6,200。

11/27 的存貨為先前剩下的 5 單位，在 11/27 又進貨 40 單位，所以存貨成本為 600 + 52,00 = 5,800。

(二) 平均成本法

是以當期之加權平均單位成本 (weighted-average unit cost) 為基礎，分攤可供銷售商品成本。

公司將加權平均單位成本乘上期末存貨數量，以計算期末存貨成本。

可供銷售商品成本的單位成本

銷貨成本

期末存貨

日期	進貨	銷貨	存貨
1/1			10 × 100 = 1,000
4/15	20 × 110 = 2,200		$\frac{1,000 + 2,200}{10 + 20}$ = 106.667 30 × 106.667 = 3,200
8/24	30 × 120 = 3,600		$\frac{3,200 + 3,600}{30 + 30}$ = 113.33 60 × 113.33 = 6,800
9/10		55 × 113.33 = 6,233	5 × 113.33 = 567
11/27	40 × 130 = 5,200		$\frac{567 + 5,200}{5 + 40}$ = 128.156 45 × 128.156 = 5,767

說明：

4/15 的加權平均單位成本為：1/1 的期初存貨數量為 10 單位，成本為 1,000，4/15 為進貨數量 20 單位，成本為 2,200，$\frac{1,000 + 2,200}{10 + 20}$ = 106.667。可供銷售成本為 30 × 106.667 = 3,200。

8/24 的加權平均單位成本為：8/24 進貨數量 30 單位，成本為 3,600，4/15 的可供銷售成本為 30 × 106.667 = 3,200，$\frac{3,200 + 3,600}{30 + 30}$ = 113.33。可供銷售成本為 60 × 113.33 = 6,800。

9/10 的銷貨數量是 55 單位，銷貨成本為 55 × 113.33 = 6,233，剩下的存貨 5 單位，成本為 5 × 113.33 = 567。

11/27 的加權平均單位成本為：9/10 的存貨 5 單位，成本為 567，11/27 的進貨數量 40 單位，成本為 5,200，$\dfrac{567 + 5,200}{5 + 40}$ = 128.156。可供銷售成本為 45 × 128.156 = 5,767。

6-4 存貨成本認定對損益表與資產負債表的影響

一、隨著時間經過，物價上漲時，早期物價較低的可供銷售商品先轉成銷貨成本，而較接近市場價格的可供銷售商品轉成期末存貨。所以低的銷貨成本、高的期末存貨成本，故淨利上升。

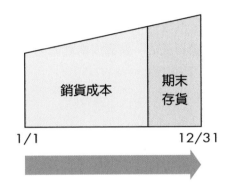

二、隨著時間經過，物價下跌時，早期物價較高的可供銷售商品先轉成銷貨成本，而較接近市場價格的可供銷售商品轉成期末存貨。所以高的銷貨成本、低的期末存貨成本，故淨利下降。

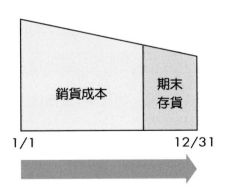

由：銷貨成本＝期初存貨＋進貨－期末存貨。

淨利＝銷貨收入－銷貨成本。

資產＝負債＋股東權益。

這三式來判斷。

情況1：當期末存貨高估，銷貨成本會低估，淨利高估。資產負債表的資產高估，損益表的淨利低估。

情況1：期末存貨高估為疑

②銷貨成本＝期初存貨＋進貨－①期末存貨。

③淨利＝銷貨收入－②銷貨成本。

④資產＝負債＋股東權益。

①期末存貨↑，則②銷貨成本↓，③淨利↑。

①期末存貨↑，則④資產↑。

情況2：當期末存貨低估，銷貨成本會高估，淨利低估。資產負債表的資產低估，損益表的淨利高估。

情況2：期末存貨低估

②銷貨成本＝期初存貨＋進貨－①期末存貨。

③淨利＝銷貨收入－②銷貨成本。

④資產＝負債＋股東權益。

①期末存貨↓，則②銷貨成本↑，③淨利↓。

①期末存貨↓，則④資產↓。

6-6 存貨估計方法

為什麼要估計存貨？存貨不是經由盤點就可以知道它的成本嗎？那一定是發生了特殊情況，以致於無法經由盤點而必須以估計的方式，來得知存貨的成本。這裡介紹兩種存貨估計的方法，毛利率法與零售價法，但都有其適用對象。

一、毛利率法

1. 適用對象：
   (1) 採定期盤存制的公司，如果要編製期中報表，可能無法每次都去實地盤點，則可採用此法。
   (2) 存貨因火災、水災等意外而毀損時，為了辦理保險理賠需估計存貨，則可採用此法。
2. 假設條件：以過去的毛利率當作本期毛利率，來估計存貨的成本。
3. 執行步驟

| 步驟1 | 銷貨淨額（已知） | − | 估計的銷貨毛利（已知） | = | ①估計的銷貨成本 |
| 步驟2 | 可供銷售商品（已知） | − | ①估計的銷貨成本 | = | ②估計的期末存貨成本？ |

例如：甲公司記錄顯示銷貨淨額為 200,000，期初存貨為 40,000，和進貨成本為 120,000。在前一年該公司的毛利率為 30%，預計今年會賺到相同的毛利率，估計期末存貨成本。

| 步驟1 | 銷貨淨額 200,000 | − | 估計的銷貨毛利 200,000 × 30% | = | ①估計的銷貨成本 140,000 |
| 步驟2 | 可供銷售商品 40,000 + 120,000 | − | ①估計的銷貨成本 140,000 | = | ②估計的期末存貨成本 20,000 |

二、零售價法

1. 適用對象：便利商店、超市與量販店等銷售的商品，種類繁多、買賣頻繁、盤點不易，則可採用此法。
2. 假設條件：商品需標示零售價，零售價與成本呈固定比例。
3. 執行步驟

項目	成本	零售價
期初存貨	（已知）	（已知）
進貨	（已知）	（已知）
可供銷售商品	②（已知）	②（已知）
減：銷貨淨額		（已知）
步驟1：列出期末存貨零售價		①（已知）
步驟2：成本占零售價之比率 $= \dfrac{\text{可供銷售商品的成本}}{\text{可供銷售商品的零售價}}$	$\dfrac{②}{②}$	
步驟3：估計期末存貨成本 = 期末存貨零售價 × 比率	$① \times \dfrac{②}{②}$	

例如：乙公司以成本計算的期初存貨 14,000，進貨 61,000，以零售價計算的期初存貨 21,500，進貨 78,500，銷貨淨額 70,000，期末存貨零售價 30,000，請以零售價法估計期末存貨的成本。

項目	成本	零售價
期初存貨	14,000	21,500
進貨	61,000	78,500
可供銷售商品	② 75,000	② 100,000
減：銷貨淨額		70,000
步驟1：列出期末存貨零售價		① 30,000
步驟2：成本占零售價之比率 $= \dfrac{\text{可供銷售商品的成本}}{\text{可供銷售商品的零售價}}$	$\dfrac{②\,75,000}{②\,100,000} = 0.75$	
步驟3：估計期末存貨成本 = 期末存貨零售價 × 比率	$① \times \dfrac{②}{②} = 30,000 \times 0.75$ $= 22,500$	

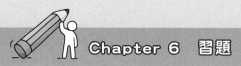

( ) 1. 假如羅東公司存貨實際流動的情況是舊的存貨先售出,則此公司
財務報告中所選擇的成本流動假設必須為:
(A) 先進先出法
(B) 移動平均法
(C) 加權平均法
(D) 可選擇任何一種成本流動假設。 【普 109-4】

( ) 2. 下列何種行業的存貨評價方式較適合採用個別認定法?
(A) 電腦公司　　　　　　　　(B) 食品公司
(C) 汽車經銷商　　　　　　　(D) 鋼鐵公司。 【普 109-4】

( ) 3. 在物價上漲時,一個有盈餘但想盡量提高流動比率的企業應會選
擇何種存貨評價方法?
(A) 先進先出法
(B) 個別認定法
(C) 加權平均法
(D) 選項 (A)、(B)、(C) 三種方法會得到相同的結果。
【普 110-2】

( ) 4. 存貨計價若採先進先出法 (FIFO),當物價上漲時,會造成:
(A) 成本與毛利均偏高　　　　(B) 成本與毛利均偏低
(C) 成本偏高,毛利偏低　　　(D) 成本偏低,毛利偏高。
【普 110-2】

( ) 5. 假設前期期末存貨高估 $1,000,本期期末存貨又高估 $1,000,
則本期銷貨毛利將:
(A) 高估 $2,000　　　　　　　(B) 低估 $2,000
(C) 高估 $1,000　　　　　　　(D) 無影響。 【普 109-1】

( ) 6. 關於存貨永續盤存制的平均成本法,下列何項敘述正確?
(A) 只需在期末計算加權平均成本

(B) 每次銷貨後即計算新的單位成本

(C) 每次進貨後即計算新的單位成本

(D) 每期期末盤點存貨後才算出銷貨成本金額。　　【普 110-3】

(　) 7. 中里公司採定期盤存制，2017 年度該公司銷貨成本為 $10,000，
期初存貨 $5,000，本期進貨 $20,000，則期末存貨為：

(A)$10,000　　　　　　　　　(B)$15,000

(C)$25,000　　　　　　　　　(D)$35,000。　　　【普 109-1】

(　) 8. 和仁公司 106 年底盤點存貨時，並未將新城公司寄銷的商品列入
盤點，則下列何者正確？

(A) 銷貨成本將低估　　　　　(B) 進貨成本將低估

(C) 銷貨毛利將低估　　　　　(D) 銷貨成本仍為正確。

【普 108-4】【普 109-4】

(　) 9. 賒銷 $3,000 並代顧客支付運費 $60，付款條件 2/10，n/30，若
顧客於 10 天內將貨款與運費一併支付，則應收現金若干？

(A)$3,060　　　　　　　　　(B)$3,030

(C)$3,000　　　　　　　　　(D)$2,940。

【高 109-1】【高 110-1】

(　)10. 當我們去超市買牛奶的時候，許多人總是習慣拿放置在冷凍櫃較
後面的牛奶，而不願拿取置於前列的牛奶，這是因為我們會假設
超市的存貨管理方式為：

(A) 移動平均法　　　　　　　(B) 先進先出法

(C) 個別認定法　　　　　　　(D) 加權平均法。　【高 109-2】

(　)11. 存貨的淨變現價值是指：

(A) 預期售價

(B) 購買的成本加上完成製造及銷售所需的支出

(C) 預期售價加上完成製造及銷售所需的支出

(D) 預期售價減去完成製造及銷售所需的支出。　　【高 109-2】

(　)12. 採用定期盤存制的萬吉公司，在去年度盤點時存貨少記 100 萬

元，假設該公司的適用稅率為 17%，這項錯誤將使：

(A) 去年度銷貨成本減少 100 萬元

(B) 去年度淨利虛增 100 萬元

(C) 今年度淨利虛增 50 萬元

(D) 去年度淨利虛減 83 萬元。　　　　　　　【高 109-1】

(　　) 13. 若某企業採用定期盤存制，若在 X1 年的期末存貨被高估 $8,000，若該公司當年度所適用的稅率為 17%，請問其對該公司當年度的銷貨毛利影響為何？

(A) 毛利被高估 $8,000　　　　　(B) 毛利被低估 $8,000

(C) 毛利被高估 $9,700　　　　　(D) 毛利被低估 $9,700。

【高 108-1】【高 109-2】【高 109-3】

(　　) 14. 阿寶公司於 109 年第一季末發現 108 年底存貨低列了 $500,000，已知該公司適用的稅率均為 20%，則：

(A) 108 年度損益表應予重編，增加銷貨成本 $500,000 及減少所得稅費用 $100,000

(B) 108 年度損益表應予重編，直接調整淨利 $400,000

(C) 109 年第一季的期初保留盈餘金額應調整增加 $400,000

(D) 108 年度的錯誤會在 109 年度自動抵銷，故不需任何調整。

【高 110-1】

(　　) 15. 阿寶公司於 X8 年第一季末發現 X7 年底存貨低列了 $500,000，已知該公司適用的稅率均為 30%，則：

(A) X7 年度綜合損益表應予重編，增加銷貨成本 $500,000 及減少所得稅費用 $150,000

(B) X7 年度綜合損益表應予重編，直接調整淨利 $350,000

(C) X8 年第一季的期初保留盈餘金額應調整增加 $350,000

(D) X7 年度的錯誤會在 X8 年度自動抵銷，故不需任何調整。

【高 109-2】

(　　) 16. 南投公司年底有批賒購的進貨漏未入帳，但期末存貨盤點正確，則該批進貨未入帳對當期財務報表之淨利、銷貨成本、應付帳款

及保留盈餘影響各為何？

(A) 高估、低估、低估、高估　　(B) 低估、高估、高估、低估

(C) 高估、低估、高估、低估　　(D) 低估、高估、低估、高估。

【高 110-2】

1.(D)　2.(C)　3.(A)　4.(D)　5.(D)　6.(C)　7.(B)　8.(D)　9.(C)　10.(B)
11.(D)　12.(D)　13.(A)　14.(C)　15.(C)　16.(A)

● **Chapter 6　習題解析**

1. 會計上並未強制規定「成本流動假設」必須同商品實際的流動，所以商品實際的流動是「舊的存貨先售出」，而成本流動假設可以選擇任何一種成本流動假設。

2. 單價高且個別認列容易看，適合採個別認定法。

3. 採先進先出法，當物價上漲時，期末存貨能反應當時的進貨成本，即流動資產的金額上升，故流動比率也會上升。

4. 存貨計價若採先進先出法，當物價上漲時，期末存貨能反應當時的進貨成本，但先前的期初存貨和進貨則會造成成本低估，即銷貨成本低估，造成毛利偏高。

5. 由銷貨成本 = 期初存貨 + 本期進貨 − 期末存貨，
$$↑ 1,000 \qquad\qquad\ − ↑ 1,000$$
則銷貨成本不變，即本期淨利無影響。

6. 存貨永續盤存制的平均成本，只要進貨後就要重新計算新的單位成本。

7. 由銷貨成本 = 期初存貨 + 本期進貨 − 期末存貨，
10,000 = 5,000 + 20,000 − 期末存貨，得期末存貨 = 15,000。

8. 新城公司的寄銷品仍是新城公司的期末存貨，未來就不可計入和仁公司的存貨，所以和仁公司的期末存貨金額是正確的，即銷貨成本仍為正確。

9. 3,000 × (1 − 2%) + 60 = 3,000。

10. 假設超市對存貨管理是採先進先出法，會認為前列的牛奶是早先的存貨，而後面的牛奶是晚進的牛奶，故會去拿放在後面較新鮮的牛奶。

11. 淨變現價值：在正常情況之下估計售價減除至完工尚須投入之成本及銷售後之餘額。

12. 由銷貨成本 = 期初存貨＋本期進貨 − 期末存貨。

若期末存貨↓ 100 萬，則銷貨成本↑ 100 萬，造成銷貨毛利↓ 100 萬，而淨利 = 銷貨毛利 × (1 − 稅率) = 100 × (1 − 17%) = 83 ↓，即淨利低估 83 萬。

13. 由銷貨成本 = 期初存貨 + 本期進貨 − 期末存貨，
    若期末存貨↑，則銷貨成本↓，造成銷貨毛利↑，即存貨高估 8,000，則毛利高估 8,000。

14. 108 年底，銷貨成本 = 期初存貨 + 本期進貨 − 期末存貨，
    若期末存貨↓ 500,000，則銷貨成本↑ 500,000，稅前淨利↓ 500,000，在 109 年第一季應增加保留盈餘 = 500,000(1 − 20%) = 400,000。

15. X7 年底，銷貨成本 = 期初存貨 + 本期進貨 − 期末存貨，
    若期末存貨↓ 500,000，則銷貨成本↑ 500,000，稅前淨利↓ 500,000，在 X8 年第一季應該增加保留盈餘 500,000 × (1 − 30%) = 350,000。

16. 由銷貨成本 = 期初存貨 + 本期進貨 − 期末存貨，
    若本期進貨↓，則銷貨成本↓，淨利↑，保留盈餘↑，應付帳款↓。

Chapter 7

現金

一、零用金制度

何謂零用金？例如：支付郵資、工作餐費或計程車車資等。

常見方法是使用零用金 (petty cash fund) 來支付相對小的金額。

零用金運作，通常稱為「定額零用金制度」，包含三個步驟：1. 設立零用金。2. 由零用金付款。3. 撥補零用金。

(一) 設立零用金

有兩個基本的步驟：指定零用金保管人與決定零用金之規模。

例如，若甲公司在 3 月 1 日設立零用金 100，分錄為：

$$3/1 \begin{cases} \text{零用金} & 100 \\ \text{現金} & 100 \end{cases}$$

(二) 由零用金付款

在零用金撥補前，零用金保管人會將收據收存在零用金保管箱。

零用金付款時，公司不作支付的會計分錄，因為每一筆支付就作一次分錄，徒增帳務處理的複雜度。只在**撥補**零用金時，公司才認列每一筆已支付款項。

(三) 撥補零用金

當零用金的金額到達最低水準時，公司便撥補零用金。

步驟如下：

步驟一：撥補零用金之請求由零用金保管人提出申請。

步驟二：保管人編製付款清單（或彙總表），並將清單、支付零用金收據及其他文件送至財務部門。

步驟三：財務長核可請款，簽署支票給零用金保管人，恢復零用金至設立時之金額。

假設 3 月 15 日甲公司的零用金保管人提出撥補申請並請領支票 60。零用金包含現金 40 及零用金收據：郵電費 10、銷貨運費 20 及雜項費用 30。記錄請領該支票之普通日記簿分錄為：

$$\left\{\begin{array}{lll} \text{郵電費} & 10 & \\ \text{銷貨運費} & 20 & \\ \text{雜項費用} & 30 & \\ \quad\text{零用金} & & 60 \end{array}\right.$$

因為同時撥補零用金 60，使得零用金的金額回到**當初設立**的金額 100，故直接以現金 60 取代零用金 60，所以分錄如下：

$$\left\{\begin{array}{lll} \text{郵電費} & 10 & \\ \text{銷貨運費} & 20 & \\ \text{雜項費用} & 30 & \\ \quad\text{現金} & & 60 \end{array}\right.$$

注意 ：在撥補零用金時，會先清點實際支出後剩餘的零用金，有時會產生應該有的餘額與實際的餘額有差異，若應該有的餘額 > 實際的餘額，則產生現金短少，視同費用增加；反之，若應該有的餘額 < 實際的餘額，則產生現金溢出，視同費用減少。無論是現金短少或現金溢出，我們都以一個會計科目「現金短溢」來表示。

例如以上例，設立零用金金額為 100，經由上述的支付 60 後，應該有的零用金餘額為 100 – 60 = 40，而實際的餘額為 30，產生現金短少 40 – 30 = 10，則零用金撥補分錄改為：

$$\left\{\begin{array}{lll} \text{郵電費} & 10 & \\ \text{銷貨運費} & 20 & \\ \text{雜項費用} & 30 & \\ \text{現金短溢} & 10 & \\ \quad\text{現金} & & 70 \end{array}\right.$$

Step1：現金短少視同費用增加，故以現金短溢 10 放借方。

Step2：撥補零用金的金額為實際支出 + 現金短少 = 60 +10 = 70，故以現金科目取代零用金科目，金額為 70。

例如以上例，設立零用金金額為 100，經由上述的支付 60 後，應該有的零用金餘額為 100 – 60 = 40，而實際的餘額為 50，產生現金溢出 50 – 40 = 10，則零用金撥補分錄改為：

郵電費	10	
銷貨運費	20	
雜項費用	30	
現金		50
現金短溢		10

Step1：現金溢出視同費用減少，故以現金短溢 10 放貸方。

Step2：撥補零用金的金額為實際支出 – 現金溢出 = 60 – 10 = 50，故以現金科目取代零用金科目，金額為 50。

二、銀行對帳單

每個月，公司會從銀行收到銀行對帳單 (bank statement)，顯示存款人的銀行交易及餘額，銀行對帳單是以銀行的立場所編製的。

銀行對帳單顯示當銀行收到公司每次的存款時，銀行會以貸記進行入帳至公司的餘額。

當銀行從公司支票帳戶餘額支付一張由其所簽發的支票，銀行借記入帳到公司帳戶餘額。

(一) 調節銀行帳戶

因為銀行與公司各自獨立保持公司支票帳戶的記錄。

由於兩個餘額皆與「正確」或「真實」金額不同。因此需要將公司帳餘額與銀行帳餘額處理成與「正確」或「真實」金額相一致，這程序稱為調節銀行帳戶。

銀行帳餘額與公司帳餘額需要被調節的原因：

時間落差：銀行有記錄，公司未記錄，或是公司有記錄，銀行未記錄。

錯誤發生：銀行記錄正確，而公司記錄錯誤，或是公司記錄正確，而銀行記錄錯誤。

(二) 銀行對帳單相關的調節項目

在銀行調節表中屬於銀行對帳單這邊，相關的調節項目有：

步驟一、在途存款（加項金額）

步驟二、未兌現支票（減項金額）

步驟三、銀行錯誤發生

例如：

甲公司透過網路線上取得之銀行對帳單，其列示了 2020 年 4 月 30 日的乙銀行帳餘額為 900，當日公司帳現金餘額為 1,350。

乙銀行對帳單餘額決定如下：

步驟一、在途存款 (+)：

甲公司在 4 月 30 日存入 700，而乙銀行 5 月 1 日收到。

步驟二、未兌現支票 (–)：

No.453，金額 300；No.457，金額 200；No.460，金額 100 等三筆支票，合計為 600，甲公司已出帳而乙銀行尚未扣款。

步驟三、銀行錯誤發生 (+/–)：無。

銀行對帳單餘額	900
加：在途存款	700
減：未兌現支票	600
調整後正確現金餘額	1,000

(三) 公司帳相關的調節項目

在銀行調節表中屬於公司帳這邊的調節項目，包含：

步驟一、其他存款項目（加項金額）

步驟二、其他付款項目（減項金額）

步驟三、公司錯誤發生

步驟一、其他存款項目 (+)：

銀行對帳單 4 月 9 日轉入一筆顧客的電子付款轉帳 300，而公司尚未記帳。

步驟二、其他付款項目 (–)：

從銀行對帳單上發現公司有以下未入帳的支出：

在 4 月 29 日存款不足 (NSF) 存入的支票被退回 400

在 4 月 30 日金融信用卡與信用卡的相關費用 200

在 4 月 30 日銀行服務費 100

步驟三、公司錯誤發生 (+/–)：

公司正確地簽發 No.443，金額 1,500 的支票，且銀行於 4 月 12 日正確地為之兌付，但公司帳上記錄支票金額為 1,550。

公司帳列餘額	1,350
加：電子轉帳收款	300
公司錯誤記錄簽發支票	1,550
減：存款不足 (NSF) 存入的支票	400
金融信用卡與信用卡的相關費用	200
銀行服務費	100
公司正確記錄簽發支票	1,500
調整後正確現金餘額	1,000

(四) 銀行調節表之分錄

僅針對公司帳列餘額，調整到正確餘額得更正分錄：

4/9 電子轉帳收款

現金　　　　300
　　應收帳款　　　300

4/12 沖回錯誤記錄簽發支票

現金　　　　1,550
　　應付帳款　　　1,550

4/12 公司正確記錄簽發支票

應付帳款	1,500	
	現金	1,500

4/29 存款不足 (NSF) 存入的支票

應收帳款	400	
	現金	400

4/30 金融信用卡與信用卡的相關費用

銀行服務費	200	
	現金	200

4/30 銀行服務費

銀行服務費	100	
	現金	100

( ) 1. 以零用金支付交通費 $100，應：

(A) 貸記零用金 $100　　　　(B) 貸記現金 $100

(C) 借記交通費 $100　　　　(D) 不必作正式分錄。

【普 108-2】

( ) 2. 下列哪一項目可能在銀行對帳單中已有記載，但存款戶的帳載記錄要等到收到對帳單後才作調整？

(A) 在途存款　　　　　　　(B) 手續費

(C) 未兌現支票　　　　　　(D) 已兌現支票。　【高 109-2】

( ) 3. 道奇公司於 1 月 1 日收到票額 $15,000，利率 8% 之 2 個月期票據，1 月 16 日持往銀行貼現，貼現率 10%，則貼現可得現金若干（假設一年為 365 天）？

(A)$15,000　　　　　　　　(B)$15,012.60

(C)$15,250　　　　　　　　(D)$15,478.75。

【高 108-3】【高 109-2】

( ) 4. 新城公司將 2 個月期、年利率 8%、面額 $480,000 的應收票據一紙，持往花奇銀行申請貼現，該票據在貼現時，尚有 1 個月到期。貼現時收到現金 $481,536，則其貼現率應為：

(A)9%　　　　　　　　　　(B)10%

(C)11%　　　　　　　　　　(D)12%。　　　【高 108-2】

1.(D) 2.(B) 3.(B) 4.(D)

● Chapter 7　習題解析

1. 零用金支出時，不作分錄，只作備忘錄。

2. 手續費是銀行已經扣款，但存款戶要收到對帳單才知道有手續費扣款。

3.

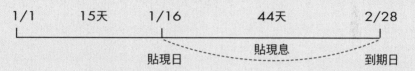

到期值：$15,000 + 15,000 \times 8\% \times \dfrac{59}{365} = 15,194$

貼現息：$15,194 \times 10\% \times \dfrac{44}{365} = 183$

貼現金額：$15,194 - 183 = 15,011$

4.

到期值：$480,000 + 480,000 \times 8\% \times \dfrac{2}{12} = 486,400$

貼現息 = 到期值 − 貼現金額 = $486,400 - 481,536 = 4,864$

貼現息 = $486,400 \times x \times \dfrac{1}{12} = 4,864$，得 $x = 12\%$

Chapter 8

應收款項

　　應收款項是指對個人或其他公司的請求權,它是預期收到現金的權利主張,應收款項是公司的流動性資產之一,它是公司營運時採賒銷方式銷售商品或勞務的主要來源,所以應收款項從取得至處分的交易流程與會計處理是重要的。

活動	種類
營業活動	應收帳款:顧客在帳上所欠的款項,這些欠款是來自銷售貨物或提供服務。 應收票據:對簽發用以證明債務的請求權之正式憑據,並要求債務人支付利息。由銷貨交易所產生的應收票據及帳款,通常稱為「交易應收款」。
非營業活動	其他應收款:包括非交易應收款,例如應收利息、貸款給公司的主管、員工借支及應收退稅款等非營業活動。

8-2 應收帳款

一、應收帳款的取得

取得應收帳款時要先確認入帳時間與入帳金額：

1. 應收帳款入帳時間：公司應於將所承諾之商品或勞務移轉予客戶而滿足履約義務時，認列收入。公司在賒銷商品時記錄應收帳款，會計分錄為：

   借　應收帳款 ×××　　貸　銷貨收入 ×××

2. 應收帳款入帳金額：以商業折扣或現金折扣後之金額入帳。

   (1) 商業折扣：大量折扣之價格，以折扣後的價格入帳。

   (2) 現金折扣：現金價的價格，例如：2/10，n/30，表示在 10 日內還款者，可享 2% 之現金折扣，但最遲在 30 天內要付清款項。

   (3) 現金折扣之隱含利率計算。

例：應收帳款金額為 1,000 元，在 2/10，n/30 的條件下，求隱含利率為何？

說明：

10 天內還款，應收帳款只要還 1,000 × (1 – 2%) = 980，

超過 10 天，應收帳款為 1,000，

所以 20 (= 30 – 10) 天的利息是 1,000 – 980 = 20，

本金 × 利率 × 期間 = 利息，

$$980 \times r \times \frac{20}{360} = 20，$$

r = 36.73%。

二、應收帳款的持有

應收帳款在取得後、收到現金之前，可能「銷貨折扣」或「銷貨退回」，使得應收帳款總額產生變動，也有可能產生貨款無法收回，而使得應收帳款總額減少。

1. 銷貨折扣、銷貨退回對應收帳款的影響

賣方為了鼓勵客戶提前付款可能會給予折扣，這稱為「銷貨折扣」，它會使得應收帳款減少。此外，買方收到商品時可能會發現有些商品有瑕疵，於是將商品退回，這稱為「銷貨退回」，它也會使得應收帳款減少。

例如：甲公司在 2020 年 7 月 1 日賒銷商品 1,000 給乙公司，條件為 2/10，n/30。7 月 5 日乙公司退回售價為 100 的商品給甲公司，7 月 11 日甲公司收到乙公司的到期欠款餘額。

7/1 $\begin{cases} \text{應收帳款} \quad 1,000 \\ \quad \text{銷貨收入} \quad 1,000 \end{cases}$

7/5 $\begin{cases} \text{銷貨退回與折讓} \quad 100 \\ \quad \text{應收帳款} \quad\quad 100 \end{cases}$

7/11 $\begin{cases} \text{現金} \quad\quad 882 \\ \text{銷貨折扣} \quad 18 \\ \quad \text{應收帳款} \quad 900 \end{cases}$

Step1：應收帳款 = 1,000 − 100 = 900。
Step2：銷貨折扣 = 900 × 2% = 18。
Step3：現金 = 900 − 18 = 882。

2. 壞帳的認列

認列時點與分錄：

方法＼認列時點	銷貨發生	實際發生壞帳
備抵法	壞帳費用　××× 　備抵壞帳　×××	
直接沖銷法		壞帳費用　××× 　應收帳款　×××

▲直接沖銷法的釋例

例如，甲公司在 12 月 12 日沖銷丙公司 1,600 的無法收回帳款餘額，其分錄為：

12/12　$\begin{cases} 壞帳費用 & 1,600 \\ \quad 應收帳款 & 1,600 \end{cases}$

注意：

在直接沖銷法下，公司通常記錄壞帳的時點與認列收入的時點落在不同的會計年度，此法並未在損益表中達成壞帳費用與銷貨收入配合，未在財務狀況表上顯示公司預期實際會收到的金額。因此，直接沖銷法不符合財務報導的目的。

▲備抵法的釋例

例如，乙公司在 2020 年賒銷 1,200,000，其中 200,000 的應收款項直到 12 月 31 日仍未收回，授信經理估計這些應收款項中約有 12,000 無法收回，其分錄為：

12/31　$\begin{cases} 壞帳費用 & 12,000 \\ \quad 備抵壞帳 & 12,000 \end{cases}$

注意：

備抵法對壞帳的會計處理涉及在每個期末估計無法收回的帳款，此將使損益表的收入與費用配合程度較佳，也確保公司的財務狀況表上應收帳款能以淨變現價值（指公司預期可收到現金的淨額）來表達。

3. 壞帳的估計

估計方法 步驟	銷貨百分比法	應收帳款餘額百分比法
估計壞帳率	依過去經驗估計壞帳占賒銷的比率。	依過去經驗估計應收帳款無法收回比率。
計算本期應提列的壞帳	本期應提列的壞帳 = 本期賒銷的淨額 × 估計壞帳率。	①期末備抵壞帳應有的餘額 = 期末應收帳款餘額 × 估計壞帳率。 本期應提列的壞帳 = ①期末備抵壞帳應有的餘額 − ②調整前備抵壞帳餘額。
調整分錄	壞帳費用　　××× 　備抵壞帳　　×××	壞帳費用　　××× 　備抵壞帳　　×××

▲應收帳款餘額百分比法的釋例

例如：甲公司期末應收帳款為 200,000，調整前的備抵壞帳為貸方餘額 1,500，公司以應收帳款餘額百分比法來估計期末備抵壞帳，設定為 5%，則甲公司的估計壞帳費用為何？

說明：

依「應收帳款餘額百分比法」的壞帳估計步驟：

①期末備抵壞帳應有的餘額 = 期末應收帳款餘額 × 估計壞帳率 = 200,000 × 5% = 10,000。

本期應提列的壞帳 = ①期末備抵壞帳應有的餘額 − ②調整前備抵壞帳餘額 = 10,000 − 1,500 = 8,500。

（或直接由備抵壞帳的 T 字帳，將相關的數字填入，並令調整壞帳為 χ，1,500 + χ = 10,000，得 χ = 8,500。）

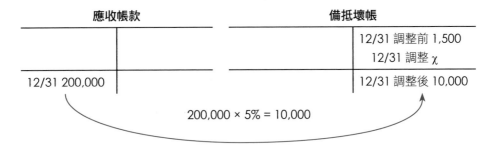

三、應收帳款的處分

1. 應收帳款到期收回

    (1) 應收帳款到期時，應將客戶取得的「銷貨退回與折讓」或「銷貨折扣」從應收帳款中扣除，應收帳款以淨額列示，分錄為：

    $\begin{cases} 現金 & \times\times\times \\ 銷貨折扣 & \times\times\times \\ \quad 應收帳款 & \times\times\times \end{cases}$

    (2) 應收帳款到期時，客戶並未取得的「銷貨退回與折讓」或「銷貨折扣」，應收帳款以總額列示，分錄為：

    $\begin{cases} 現金 & \times\times\times \\ \quad 應收帳款 & \times\times\times \end{cases}$

2. 應收帳款無法收回

    (1) 確定無法收回

    假設公司採「備抵法」估計應收帳款的壞帳，現在已確定應收帳款無法收回，則將應收帳款與備抵壞帳予以沖銷，分錄為：

    $\begin{cases} 備抵壞帳 & \times\times\times \\ \quad 應收帳款 & \times\times\times \end{cases}$

    例如，假設甲公司的財務副總於 2021 年 3 月 1 日核准沖銷乙公司所欠的帳款 500，其分錄為：

    $\begin{cases} 備抵壞帳 & 500 \\ \quad 應收帳款 & 500 \end{cases}$

(2) 沖銷後再收回

假設公司採「備抵法」估計應收帳款的壞帳，若沖銷後再收回，則要作兩個分錄。

第一個分錄是把先前已沖銷的應收帳款與備抵壞帳予以轉回，目的是恢復該客戶的信用狀態。第二個分錄就如同應收帳款到期收回。

應收帳款　　×××
　　備抵壞帳　　×××

現金　　　　×××
　　應收帳款　　×××

例如，7 月 1 日乙公司支付甲公司之前已於 3 月 1 日沖銷之帳款 500，則甲公司所作的分錄如下：

先恢復乙公司的信用狀態：

應收帳款　　500
　　備抵壞帳　　500

記錄收到乙公司的帳款：

現金　　　　500
　　應收帳款　　500

8-3 應收票據

一、應收票據的取得

票據可分為附息票據與不附息票據兩種，但以面額或現值入帳的條件不同。

1. 附息票據以面額入帳，營業發生的一年內到期的應付票據以面額入帳。
2. 不附息票據以現值入帳，非營業發生（例如：借款）不論是否一年內需按現值入帳。

二、應收票據的持有

隨著時間經過，所持有的附息票據會產生利息，到期日則同時取回本金與利息，若票據的取得日與到期日不在同一報導期間，則在報導期間結束日應作調整分錄，認列取得日至報導期間結束日之間所產生的利息收入。

▲附息票據的釋例

例如，甲公司在 12 月 1 日簽發面額 1,000、2 個月期、年利率 12% 的本票以清償乙公司的欠款，則乙公司收到該票據時的分錄如下：

12/1 $\left\{\begin{array}{ll} 應收票據 & 1,000 \\ \quad 應收帳款 & 1,000 \end{array}\right.$

報導期間結束日，要認列 12 月 1 日至 12 月 31 日賺得之利息 = 票據面額 × 利率 × 期數 = $1,000 \times 12\% \times \dfrac{1}{12} = 10$。

12/3 $\left\{\begin{array}{ll} 應收利息 & 10 \\ \quad 利息收入 & 10 \end{array}\right.$

票據到期時，甲公司支付票據面額、一個月的利息收入與一個月的應收利息，分錄如下：

$$
2/1 \begin{cases} \text{現金} & 1,020 \\ \quad \text{應收票據} & 1,000 \\ \quad \text{應收利息} & 10 \\ \quad \text{利息收入} & 10 \end{cases}
$$

計算如下：

Step1：12/31~2/1 的利息收入 = 票據面額 × 利率 × 期數 = 1,000 × 12% × $\dfrac{1}{12}$ = 10。

Step2：沖銷應收票據 1,000 與應收利息 10。

Step3：現金 = 1,000 + 20 = 1,020

Chapter 8 習題

( ) 1. 以應收票據向銀行貼現，貼現息的計算是根據貼現率、貼現期間
以及哪一項目？
(A) 票據面值　　　　　　　　(B) 票據到期值
(C) 票據面值加已賺得的利息　(D) 實際貼現取得金額。
【普 109-2】

( ) 2. 評估應收帳款之壞帳時，下列何作法不正確？
(A) 直接沖銷　　　　　　　　(B) 評估應收帳款期後收回情形
(C) 分析應收帳款帳齡　　　　(D) 評估客戶擔保品價值。
【普 108-2】

( ) 3. 下列有關應收帳款之敘述，何者正確？
(A) 應收帳款高，償債能力高
(B) 應收帳款較大之公司，其應收帳款周轉率一定較低
(C) 應收帳款之備抵損失評估應以稅法規定為準
(D) 償債能力評估時亦應注意應收帳款之品質。
【普 108-3】【普 110-1】【普 111-1】

( ) 4. 下列何者通常不是企業決定提列應收帳款備抵損失百分比時考慮
的因素？
(A) 過去年度的經驗　　　　　(B) 目前整體經濟狀況
(C) 平均每筆交易的金額　　　(D) 欠款期間的長短。
【普 109-3】

( ) 5. 龜山公司給予客戶的銷貨授信條件為 2/15，n/60，此乃相當於
該企業負擔融資年利率為：
(A)18%　　　　　　　　　　(B)16%
(C)14.4%　　　　　　　　　(D)10%。　　　【普 110-3】

( ) 6. 下列何者通常不是企業決定備抵損失金額時考慮的因素？
(A) 對未來信用風險變動的預期　(B) 目前整體經濟狀況

(C) 平均每筆交易的金額　　　(D) 欠款期間的長短。

【普 111-1】

( )　7. 認列應收帳款的預期信用損失時，下列敘述何者錯誤？
(A) 借記預期信用損失同時貸記備抵損失
(B) 企業於實際發生損失時認列預期信用損失
(C) 備抵損失為應收帳款總額的減項
(D) 存續期間預期信用損失是指應收帳款在整個存續期間如果發
生違約將導致的損失金額。　　　【普 111-1】

( )　8. 假設 6 個月的利率為 5%，國庫券的現貨價格為 96，在未來 6 個
月裡國庫券利息給付之現值為 4，則 6 個月的國庫債券期貨的價
值為多少？
(A)92　　　　　　　　　　(B)96.6
(C)97.65　　　　　　　　　(D)99.84。　　　【高 108-1】

( )　9. 紫金公司 X6 年初應收帳款總額為 $100，當年度賒銷金額
$1,000，應收帳款收現金額為 $950，該公司帳列備抵損失餘額
均為應收帳款的 5%，X6 年度確定無法收回之帳款計 $10。紫金
公司 X6 年度提列之壞帳費用為：
(A)$12.50　　　　　　　　(B)$12.00
(C)$7.00　　　　　　　　(D)$7.50。　　　【高 108-2】

( )　10. 某公司 106 年底調整前部分帳戶金額如下：應收帳款 $250,000、
銷貨 $5,000,000、備抵損失 $1,000（貸餘）、銷貨退回
$220,000、銷貨運費 $20,000，若估計壞帳為銷貨淨額的 0.5%，
則 106 年之壞帳費用為：
(A)$23,900　　　　　　　(B)$25,000
(C)$15,000　　　　　　　(D)$24,000。　　　【高 109-3】

( )　11. 千葉公司 X6 年初應收帳款餘額 $360,000，備抵損失貸餘
$10,800，X6 年中賒銷淨額 $780,000，帳款收現 $640,000，應
收帳款實際發生減損損失 $20,000，該公司每年採用相等之備抵

損失率按應收帳款餘額百分比法提列。千葉公司 X6 年底應提列減損損失為：

(A)$5,200   (B)$5,800

(C)$23,600   (D)$24,200。 【高 109-4】

(　　) 12. 吉祥公司 107 年底應收帳款中包括一筆應向如意公司收取之 $2,000,000。如意公司因財務狀況逐漸惡化，於 108 年 1 月間宣布倒閉，但上述之呆帳費用在 107 年底時並未加估計。假設吉祥公司財務報表於 108 年 2 月底發布，則該公司 107 年度之財務報表：

(A) 不須認列此筆呆帳費用，也不須在附註中揭露

(B) 須依一般應收帳款認列呆帳費用比例再補認列

(C) 須再認列呆帳費用 $2,000,000

(D) 不須認列此筆呆帳費用，但須在附註中加以說明。

【高 109-3】

1.(B)　2.(A)　3.(D)　4.(C)　5.(B)　6.(C)　7.(B)　8.(B)　9.(B)　10.(A)
11.(C)　12.(C)

● Chapter 8　習題解析

1. 貼現息 = 到期值 × 貼現率 × 貼現期間。

2. 直接沖銷法不符合配合原則，並非一般公認會計原則所允許。

3. 償債能力評估時亦應注意應收帳款之品質。

4. 平均每筆交易金額的多寡並非決定提列應收帳款備抵損失百分比的考慮
　 因素。

5. $\dfrac{r}{1-r} \times \dfrac{365}{60-D}$，式中 r = 折扣率，D = 享有折扣之期限天數，

　 $\dfrac{2}{100-2} \times \dfrac{365}{60-15} = 0.1655$。

6. 平均每筆交易的金額並非企業決定備抵損失金額時考慮的因素。

7. 預估壞帳：$\begin{cases} 壞帳 & \times\times\times \\ \quad 備抵壞帳 & \times\times\times \end{cases}$

　 壞帳實際發生：$\begin{cases} 備抵壞帳 & \times\times\times \\ \quad 應收帳款 & \times\times\times \end{cases}$

　 故企業是預期信用損失時，即認列信用損失，當損失實際發生時，則沖
　 銷備抵壞帳。

8. 現貨價格 – 貼現息 = 96 – 4 = 92。
　 未來 6 個月後的國庫券價值為：92 × (1 + 5%) = 96.6。

9.

應收帳款				備抵壞帳		
1/1	100	950			10	1/1	5
	1,000	10					x
12/31	140						7

$$140 \times 5\%$$

1/1 的備抵損失：$100 \times 5\% = 5$
令 x 為當年度提列之壞帳費用
$5 + x - 10 = 7$，得 $x = 12$。

10. 銷貨淨額 = 銷貨 – 銷貨退回 = 5,000,000 – 220,000 = 4,780,000，
壞帳費用 = 銷貨淨額 $\times$ 0.5% = 4,780,000 $\times$ 0.5% = 23,900。

11.

應收帳款				備抵損失		
1/1	360,000	640,000			20,000	1/1	10,800
	780,000	20,000					x
12/31	480,000					12/31	14,400

$$480,000 \times 0.03$$

備抵損失率 $= \dfrac{10,800}{360,000} = 0.03$
令應提列減損損失為 x
$10,800 + x - 20,000 = 14,400$
得 $x = 23,600$。

12. 107 年的應收帳款 2,000,000，在該年底並未估計呆帳費用，但如意公司因財務狀況逐漸惡化，於 108 年 1 月間宣布倒閉，則吉祥公司應將應收帳款 2,000,000 全數認列呆帳費用，並沖銷應收帳款 2,000,000。

Chapter 9

不動產、廠房及設備，與天然資源、無形資產

營業用資產指公司為維持其日常營運活動，需使用並持有價值較高、使用年限在一年以上的資產。依其有無實體形式，分為有形與無形之營業資產。

資產	項目	
有形資產	不動產、廠房及設備，天然資源。	
無形資產	商譽、專利權、商標權。	

▲不動產、廠房及設備，與天然資源、無形資產在資產負債表的表達

甲公司 資產負債表（部分）		
不動產、廠房及設備		
煤礦	×××	
減：累計折耗	×××	×××
土地		×××
土地改良	×××	
減：累計折舊－土地改良	×××	×××
設備	×××	
減：累計折舊－設備	×××	×××
不動產、廠房及設備總額		① ×××
無形資產		
專利權		×××
商標權		×××
商譽		××× ② ×××
總資產		③ ×××

【註】① + ② = ③。

9-2 不動產、廠房及設備

一、廠房資產的特徵

廠房資產具有三項特徵：

1. 具有實體（特定的大小和形狀）。
2. 供企業營運之用。
3. 不以銷售為目的。

二、不動產、廠房及設備成本

包含取得資產並使其到達預定使用狀態的所有必要支出。

1. 土地

土地的成本包括：

①現金購買價格。

②過戶成本及代書費。

③不動產仲介經紀商佣金。

④應計財產稅及買方所承擔的留置權。

⑤清除、填土及鋪平等支出。

⑥拆除及清運成本。

⑦廢料變現。

土地成本 = ① + ② + ③ + ④ + ⑤ + ⑥ – ⑦。

例如：假設乙公司以現金成本 30,000 取得房地產，該項財產包括一間舊倉庫，其拆除成本淨額為 500，額外的支出包括代書費 700，不動產仲介經紀商佣金 800，求土地成本為何？

說明：

30,000 – 500 + 700 + 800 = 31,000。

分錄：

$$\begin{cases} 土地 \quad 31,000 \\ \quad 現金 \quad 31,000 \end{cases}$$

2. 土地改良物

土地改良物為在土地上建造的附加物,且其使用是有耐用年限的,例如:車道、停車場、圍牆、景觀美化設施,及地下灑水系統。

土地改良物的成本包括所有使該改良物達到預定使用狀態的必要支出。土地改良物具有限的耐用年限,公司將土地改良物成本在其耐用年限內分攤為費用(提列折舊)。

3. 新建築物

若新建築物係自行建造,則成本包括合約價格加上付給建築師的費用、建築物使用執照,和開挖成本。

自行建造建築物的利息費用資本化僅限於建造期間所發生者。一旦建造完成,因建案融資所發生的後續利息支出,均需借記「利息費用」。

4. 設備

設備包含用於營業的資產,如商店收銀機、工廠機器、運輸卡車和飛機。

例如:丙公司以現金 50,000 購買工廠機器,相關支出為銷售稅 300,運送過程保險費 500 及裝置測試費 100,工廠機器成本為何?

說明:50,000 + 300 + 500 + 100 = 50,900。

分錄:

| 工廠機器 | 50,900 | |
| 現金 | | 50,900 |

5. 公司的車輛

公司的車輛成本包含現金購買價格、銷售稅、運費,及買方支付的運送期間保險費,也包含必要的組裝、安裝和測試。

但是汽車牌照稅及公司車輛的意外險,這些成本代表每年重複發生的支出且不具未來經濟效益。

例如:戊公司以現金價 40,000 購入一輛運輸卡車,相關支出包含銷售稅 1,000,噴漆和印字 500,汽車牌照稅 800 及三年意外險保費 1,600。運輸卡車的成本為何?

說明:40,000 + 1,000 + 500 = 41,500。

分錄：

```
⎧ 運輸設備    41,500
⎨
⎩    現金          41,500
```

```
⎧ 汽車牌照稅    800
⎪ 預付保險費  1,600
⎨
⎩    現金            2,400
```

三、耐用年限內的後續支出

不動產、廠房及設備資產的使用年限中，公司可能發生正常維修的支出、增添或改良。

1. 正常維修：係維持營運效率及具生產力經濟期間的支出，會在發生這些支出時借記「修繕費」，故這類支出通常稱為「收益支出」。

   分錄：

   ```
   ⎧ 修繕費    ×××
   ⎨
   ⎩    現金      ×××
   ```

2. 增添或改良：為用以增加營運效率、生產的產能或固定資產耐用年限的支出，通常金額重大且不常發生，此類支出通常又稱為「資本支出」。

   分錄：

   ```
   ⎧ 累計折舊    ×××
   ⎨
   ⎩    現金        ×××
   ```

四、折舊的意義

折舊：係將不動產、廠房及設備成本，以合理而有系統的分攤方式分攤至其資產耐用年限。這種成本分攤可以使公司適切地將費用與收入配合，以符合收入與費用配合原則。

折舊性資產：土地改良物、建築物及設備，因這些資產對公司的產生收

入的能力會在這些資產的耐用年限內遞減。

五、計算折舊的因子

1. 成本

公司依據歷史成本原則,以成本將不動產、廠房及設備入帳。

2. 耐用年限

耐用年限:預期資產生產年數的估計值,又稱為服務年限,耐用年限可以時間、活動數量(如機器小時)或產出單位數來表示。

3. 殘值

殘值:資產於其耐用年限終了時的估計價值,這個價值可能依據其報廢的價值或預期的抵換價值。

六、折舊的方法

1. 直線法

直線法下,折舊費用隨著時間經過,如同一直線(水平),即每年折舊金額固定。

為了計算直線法下的折舊費用,公司必須決定可折舊成本。可折舊成本係指資產成本減去殘值,每年的折舊費用,是以資產的可折舊成本除以耐用年限,或是資產的可折舊成本乘上折舊率。

折舊費用:$\dfrac{\text{資產成本} - \text{殘值}}{\text{耐用年限}} \times$ 期間。

例如:2020 年 1 月 1 日甲公司以 11,000 購入一臺新的卡車,估計該卡車可用 5 年,殘值為 1,000,若該公司採用直線法計提折舊,2020 年 12 月 31 日應如何作有關折舊之分錄?

年度	可折舊成本	×折舊率	=每年折舊費用	累計折舊	帳面價值 = 成本－累計折舊
2020	10,000	20%	2,000	2,000	11,000－2,000＝9,000
2021	10,000	20%	2,000	2,000＋2,000＝4,000	11,000－4,000＝7,000
2022	10,000	20%	2,000	4,000＋2,000＝6,000	11,000－6,000＝5,000
2023	10,000	20%	2,000	6,000＋2,000＝8,000	11,000－8,000＝3,000
2024	10,000	20%	2,000	8,000＋2,000＝10,000	11,000－10,000＝1,000

2. 活動數量法

   活動數量法下，耐用年限係以預期的產出或使用總數表示，每年折舊費用是隨活動單位數增減而增減。

   計算步驟：

   (1) 先估計全部耐用年限的總生產量。

   (2) 與可折舊成本相除，得出每單位可折舊成本。

   (3) 再將每單位可折舊成本乘上當年度的活動數量，便可得到當年折舊費用。

   折舊費用：$\dfrac{資產成本－殘值}{總生產量}$ × 當年度生產數量。

3. 餘額遞減法

   餘額遞減法：公司係以各年度的期初資產帳面價值乘上遞減餘額折舊率計算每年折舊費用，而折舊費用隨時間經過呈現遞減。

   遞減餘額法其在應用餘額遞減折舊率所乘之期初帳面價值時，不考慮殘值。

   餘額遞減率為直線法折舊率的兩倍，此法常被稱為倍數餘額遞減法，因餘額遞減法導致較早先的年度比後來的年度有較高的折舊費用，故被視為一種加速折舊法。

   折舊費用：期初帳面價值 × 折舊率。

   例如：2020 年 1 月 1 日甲公司以 20,000 購入一部新的卡車，估計該卡車可用 5 年，殘值為 1,000，若該公司採用餘額遞減法計提折舊，請計算該卡車 5 年的折舊費用？

年度	期初帳面價值	× 折舊率	= 每年折舊費用	累計折舊	帳面價值 = 成本 − 累計折舊
2020	20,000	40%	8,000	8,000	20,000 − 8,000 = 12,000
2021	12,000	40%	4,800	8,000 + 4,800 = 12,800	20,000 − 12,800 = 7,200
2022	7,200	40%	2,880	12,800 + 2,880 = 15,680	20,000 − 15,680 = 4,320
2023	4,320	40%	1,728	15,680 + 1,728 = 17,408	20,000 − 17,408 = 2,592
2024	2,592	40%	1,592*	17,408 + 1,592 = 19,000	20,000 − 19,000 = 1,000

1,592* = 19,000 − 17,408，調整到 1,592 是為了使帳面價值等於殘值 1,000。

七、不動產、廠房及設備的重估價

公司在報導日以公允價值重估價其不動產、廠房及設備，即將公司的不動產、廠房及設備帳面價值調整到公允價值，會有兩種情況，第一種情況：帳面價值 < 公允價值，第二種情況：帳面價值 > 公允價值。

(一) 帳面價值 < 公允價值

步驟一：先把不動產、廠房及設備由成本降低至帳面價值，即把不動產、廠房及設備所提列的累計折舊與成本對沖，就是把累計折舊的金額歸零，同時減少不動產、廠房及設備的成本。

步驟二：再把帳面價值調整到公允價值。

公允價值超過帳面價值的部分，稱為重估增值，同時增加不動產、廠房及設備的成本。

例如：乙公司對 2020 年 1 月 1 日購入 10,000 的設備採行重估價，該設備耐用年限為 5 年且沒有殘值。在 2020 年底時，累計折舊的金額為 2,000，公司進行重估價該資產公允價值為 8,500。請記錄該重估價分錄：

說明：

步驟一：

$\begin{cases} 累計折舊 \quad 2,000 \\ \quad 設備 \qquad\qquad 2,000 \end{cases}$

步驟二：

$$
\begin{cases}
設備 \quad\quad\quad 500 \\
\quad 重估增值 \quad\quad 500
\end{cases}
$$

(二) 帳面價值 > 公允價值

　　步驟一：先把不動產、廠房及設備由成本降低至帳面價值，即把不動產、廠房及設備所提列的累計折舊與成本對沖，就是把累計折舊的金額歸零，同時減少不動產、廠房及設備的成本。

　　步驟二：再把帳面價值調整到公允價值。

　　公允價值低於帳面價值的部分，稱為重估損失，同時減少不動產、廠房及設備的成本。

　　例如：乙公司對 2020 年 1 月 1 日購入 10,000 的設備採行重估價，該設備耐用年限為 5 年且沒有殘值。在 2020 年底時，累計折舊的金額為 2,000，公司進行重估價該資產公允價值為 7,750。請記錄該重估價分錄：

　　說明：

　　步驟一：

$$
\begin{cases}
累計折舊 \quad\quad 2,000 \\
\quad 設備 \quad\quad\quad 2,000
\end{cases}
$$

　　步驟二：

$$
\begin{cases}
減損損失 \quad\quad 250 \\
\quad 設備 \quad\quad\quad\quad 250
\end{cases}
$$

八、期間折舊的修正

　　當估計變動是必要時，公司需變更現在和未來年度，但不改變過去期間的折舊。為了得出新的年度折舊費用，首先須計算修正時點時的資產可折舊成本，接著將修正後的可折舊成本分配至剩餘耐用年限。

　　執行步驟如下：

步驟一：決定新的可折舊成本。

步驟二：再除以剩餘的耐用年限。

例如：丙公司以 3,600 購買一部設備，估計可用 6 年，殘值為 600。以直線法每年計提折舊 500 [(3,600 – 600) ÷ 6]，在第三年年底（調整折舊前）估計該設備共可用 10 年，並且新的殘值為 200。請計算修正後每年應提折舊。

說明：

步驟一：決定新的可折舊成本。

原折舊費用為 500

累計折舊 500 × 2 = 1,000

原帳面價值 3,600 – 1,000 = 2,600

新的可折舊成本 2,600 – 200（新殘值）= 2,400

步驟二：再除以剩餘的耐用年限。

剩餘的耐用年限：10（新估計年限）– 2（已使用兩年）= 8

$$折舊費用 = \frac{新的可折舊成本}{剩餘的耐用年限} = \frac{2,400}{8} = 300$$

九、處分不動產、廠房及設備

公司可能以三種方式來處分不動產、廠房及設備。

1. 報廢：設備廢棄或拋棄。

2. 出售：設備售給其他一方。

3. 交換：以現有設備換入新設備。

1. 報廢

例如，甲公司有卡車一輛，其成本為 4,200，累計折舊 3,000，將該卡車報廢則會計記錄如下：

說明：把卡車成本與累計折舊全部沖銷掉，有借方差額稱為處分資產損失。

$$\left\{\begin{array}{ll} 累計折舊 & 3,000 \\ 處分資產損失 & 1,200 \\ \quad 卡車 & 4,200 \end{array}\right.$$

2. 出售

例如,甲公司有卡車一輛,其成本為 3,200,累計折舊 3,000,將該卡車以 400 出售,則會計記錄如下:

説明:把卡車成本與累計折舊全部沖銷掉,同時記錄收到現金,有借方差額稱為處分資產損失,有貸方差額稱為處分資產利益。

$$\left\{\begin{array}{ll} 累計折舊 & 3,000 \\ 現金 & 400 \\ \quad 卡車 & 3,200 \\ \quad 處分資產利益 & 200 \end{array}\right.$$

一、天然資源的項目

天然資源 (natural resources) 包含地面上的林木和地底下採掘的資源，例如：石油、天然氣及礦產。

二、成本衡量

可開採的天然資源之取得成本，包括取得資源的價格，以及為使其達可供使用狀態的合理必要支出。

三、天然資源的折耗

將天然資源的成本分攤於該資源的耐用期間之過程稱為折耗 (depletion)，通常採用「活動數量法」來計提折耗。

在「活動數量法下」，將天然資源總成本減去殘值後，再除以天然資源的估計總蘊藏量，得出每單位產出的折耗成本，然後將單位折耗成本乘上當年度開採之數量即為本年度折耗費用。

$$單位折耗成本 = \frac{天然資源總成本 - 殘值}{估計總蘊藏量}$$

本年度折耗費用 = 單位折耗成本 × 當年度開採數量

例如：丙煤礦公司投資 200 萬在一座估計蘊藏量有 10 萬噸的煤礦，無殘值。若第一年丙公司開採 15,000 噸的煤，則第一年的折耗費用為何？記錄的折耗費用如何表示？

說明：

$$折耗費用：\frac{天然資源總成本 - 殘值}{估計總蘊藏量} × 當年度開採數量 =$$

$$\frac{2,000,000 - 0}{100,000} × 15,000 = 300,000$$

分錄：

$$\left\{ \begin{array}{lr} \text{煤礦} & 300{,}000 \\ \text{累計折耗} & 300{,}000 \end{array} \right.$$

注意：這裡把折耗費用科目以煤礦科目取代。

不動產、廠房及設備，與天然資源、無形資產

9-4 無形資產

一、無形資產的定義

　　無形資產 (intangible assets) 指無實體形式的非貨幣性資產，包括商譽與商譽以外之無形資產。

二、無形資產的種類

　　無形資產可能以合約或許可證的形式存在，其來源如下：

1. 可獨立辨認：專利權、著作權、商標權與特許權。
2. 無法獨立辨認：商譽。

三、無形資產的會計處理

1. 公司對無形資產以成本入帳，成本包含公司所有為了取得該項權利、特權或競爭優勢的所有必要支出。
2. 無形資產可分為有限耐用年限或是不具確定年限兩種：
   若無形資產具有有限耐用年限，公司用類似折舊的方式將其成本分攤至使用年限，分攤無形資產成本的過程稱為「攤銷」，而不具確定年限的無形資產則不必攤銷。

　　例如：乙公司以 8,000 購入專利權。假如乙公司估計該專利權的使用期限為 4 年，則每年的攤銷費用為何？

$$每年的攤銷費用：\frac{專利權成本}{估計使用年限} \times 期間 = \frac{8,000}{4} \times 1 = 2,000$$

四、商譽

　　商譽是獨特的，其不像投資與固定資產可被單獨於市場出售，商譽只有在與企業視為一體時，始得被辨認其價值，因此公司只有在購併整個企業時才可以將商譽入帳。此情況下，商譽係指購買成本超過所取得淨資產（資產減去負債）公允價值的部分。

例如，甲公司以現金 40 購併丁公司，已知丁公司的資產公允價值為 100，負債公允價值為 80，甲公司購併丁公司的會計記錄如下：

說明：甲公司要概括承受乙公司的資產與負債，故借資產、貸負債，因為是以現金購入所以資產與負債需以公允價值入帳，即現金與公允價值兩者的比較標準是一致的情況下，現金超出資產與負債的公允價值的部分就是「商譽」。

分錄：

$$\begin{cases} 資產 \quad 100 \\ 商譽 \quad ? \\ \quad 負債 \quad 80 \\ \quad 現金 \quad 40 \end{cases} \Longrightarrow \begin{cases} 資產 \quad 100 \\ 商譽 \quad 20 \\ \quad 負債 \quad 80 \\ \quad 現金 \quad 40 \end{cases}$$

? = 現金 －（資產 － 負債）= 40 － (100 － 80) = 20。

五、研究與發展成本

研究與發展成本為可能產生專利權、著作權、新製程和新產品的支出。

會計處理

進行研究與發展成本的會計處理時，研究階段之成本常在發生時費用化，發展階段之成本達到特定標準符合（主要指技術可行性可達成時）前均費用化。

技術可行後發生之發展成本，才可資本化為「發展成本」（被視為是一項無形資產）。

資本化的期間劃分較費用化期間短，如下圖：

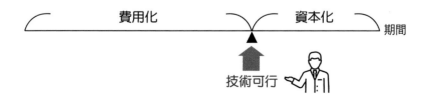

例如：乙公司花費 100 萬在研究與花費，另外，300 萬在發展一項新產品，這 300 萬發展成本當中，有 50 萬發生在技術可行性之前，有 250 萬發生在技術可行性之後。公司如何認列研究費用與發展成本呢？

　　說明：研究與花費：100 萬。

　　　　　300 萬在發展一項新產品；

　　　　　技術可行性之前，當作研究與花費，即 50 萬。

　　　　　技術可行性之後，當作發展成本，即 250 萬。

　　分錄：

研究與發展費用	100	
現金		100

研究與發展費用	50	
發展成本	250	
現金		300

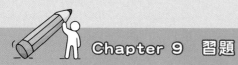

（　）1. 不動產、廠房及設備之取得成本應包括購價，並：

(A) 加計延遲付款之利息

(B) 扣除現金折扣

(C) 加計搬運不慎損壞修理之成本

(D) 選項 (A)、(B)、(C) 皆正確。　　【普 108-2】【普 109-1】

（　）2. 下列各項何者不應包含於不動產、廠房及設備之取得成本？

(A) 安裝費　　　　　　　　　(B) 過戶之手續費

(C) 延遲付款之利息　　　　　(D) 運費。　　【普 109-4】

（　）3. 玉里公司 20X1 年初購入機器一臺，成本 $190,000，估計殘值 $10,000，可使用 5 年，採年數合計法提折舊，則至 20X3 年底累計折舊為：

(A)$48,000　　　　　　　　　(B)$80,000

(C)$108,000　　　　　　　　(D)$144,000。

【普 108-3】【普 109-1】

（　）4. 某年遺漏提列折舊之調整，將對該年淨利及年底資產造成何種影響？

(A) 淨利：高估；資產：無影響　(B) 淨利：高估；資產：高估

(C) 淨利：低估；資產：低估　　(D) 淨利：低估；資產：無影響。

【普 109-2】【普 109-3】【普 110-3】

（　）5. 公司按公告現值調整土地之帳面金額，並計提增值稅準備後，下列何敘述正確？

(A) 資產增加　　　　　　　　(B) 負債增加

(C) 權益增加　　　　　　　　(D) 選項 (A)、(B)、(C) 皆是。

【普 109-4】

（　）6. 下列何者屬無形資產？

(A) 預付費用　　　　　　　　(B) 應收帳款

(C) 商標權　　　　　　　　　　(D) 研究支出。　　【高 108-1】

(　) 7. 下列敘述，何者正確？
(A) 公司債發行成本應列於營業費用
(B) 企業有商譽，係指企業過去有超額利潤
(C) 無形資產之攤銷，若無明確的經濟效益消耗型態，一般採直線法
(D) 因專利權與人訴訟，如為勝訴，訴訟費應資本化。

　　　　　　　　　　　　　　　　　　　　　　【高 109-2】

(　) 8. 零用金、特約權、累計折舊、備抵呆帳、存貨、租賃權益、土地改良、應收收入、預收收入、用品盤存、進貨折讓、利息收入、預付貨款，根據上列各項科目，說明下列何者正確？
(A) 流動資產有 4 項，不動產、廠房及設備有 2 項，無形資產有 2 項
(B) 流動資產有 6 項，不動產、廠房及設備有 2 項，無形資產有 2 項
(C) 流動資產有 5 項，不動產、廠房及設備有 3 項，無形資產有 1 項
(D) 流動資產有 8 項，不動產、廠房及設備有 2 項，無形資產有 1 項。　　　　　　　　　　　　　　【高 109-3】

(　) 9. 下列何者屬資產負債表上之不動產、廠房及設備？
(A) 非供營業使用之土地　　　(B) 運輸設備
(C) 無形資產　　　　　　　　(D) 遞延所得稅資產。

　　　　　　　　【高 108-2】【高 109-4】【高 110-1】

(　)10. 下列幾項屬投資性不動產？(甲) 目前尚未決定未來用途所持有之土地；(乙) 供員工使用之建築物；(丙) 以融資租賃出租予另一企業之廠房；(丁) 以營業租賃出租予另一企業之建築物，且對租用該建築物之承租人提供清潔服務，該服務相較租賃合約不具重大性。
(A) 一項　　　　　　　　　　(B) 二項

(　)11. 太原公司最近由國外進口自動化機器一臺，發票金額為
$500,000，進口關稅 $100,000，太原公司並支付了貨櫃運費
$70,000，此機器估計耐用年限為 8 年，殘值為 $20,000，請問
此機器的可折舊成本為多少？
(A)$650,000 (B)$670,000
(C)$480,000 (D)$81,250。 【高 109-2】

(　)12. 雨彤公司以帳面金額 $4,500 之舊機器，加付現金 $10,500，換
得新機器，該項交易具商業實質，交換日舊、新機器之公允價值
分別為 $2,500 及 $13,000，則新機器之入帳成本應為：
(A)$13,000 (B)$14,700
(C)$16,000 (D)$15,300。

【高 108-2】【高 109-2】

(　)13. 某機器設備定價 $1,000,000，購入時現金折扣為 $50,000，支付
運費 $40,000，安裝費 $80,000，搬運不慎發生損壞而付出修理
費 $20,000，則該機器設備之帳面成本應為：
(A)$1,000,000 (B)$1,050,000
(C)$1,070,000 (D)$1,090,000。

【高 108-1】【高 108-3】

(　)14. 金門公司在自有土地上拆除舊屋改建新屋。下列敘述何者正確？
(A) 拆除費用應增加新屋之成本
(B) 拆除費用應增加土地之成本
(C) 拆除費用減舊屋殘值後之金額，應列入新屋之成本
(D) 拆除費用減舊屋殘值後之金額，應列為舊屋之處分損益。

【高 110-2】

(　)15. 在不動產、廠房及設備使用之初期，採用年數合計法提列折舊所
得淨利應較使用直線法：
(A) 低 (B) 高

(C) 相等 (D) 不一定。

【高 109-2】【高 109-4】

( ) 16. 松羅企業今年初決定將其主要生產機器的估計耐用年限增長一倍，請問此舉對松羅企業的影響是什麼？
(A) 增加本年度的折舊費用 (B) 不利於企業的淨值
(C) 節省本年度的所得稅費用 (D) 增加本年度的銷貨毛利。

【高 108-2】

( ) 17. 政府允許企業報稅時採用加速折舊法，其目的在於：
(A) 鼓勵企業從事投資
(B) 收較多的稅
(C) 讓企業盡量不要投資於長期性資產
(D) 讓企業資產在使用期間裡所提列折舊的總數增加。

【高 109-4】

( ) 18. 永鈞公司以 \$21,000,000 購入房地，房屋估計可用 20 年，無殘值，購入時土地與房屋之公允價值分別為 \$12,000,000 及 \$6,000,000，若採直線法提列折舊，則每年之折舊費用為：
(A)\$250,000 (B)\$300,000
(C)\$350,000 (D)\$150,000。 【高 109-1】

( ) 19. 衛勤企業認列出售不動產、廠房及設備損失，此顯示其不動產、廠房及設備售價是：
(A) 低於買進成本 (B) 低於帳面金額
(C) 低於累計折舊 (D) 低於合理市值。

【高 108-4】

( ) 20. 設有機器設備一部，其原始成本為 \$700,000，累計折舊 \$620,000，因設備功能已不適用，必須提早報廢，估計其殘值 \$42,500，則報廢時其「處分損益」之部分，應：
(A) 借記：資產報廢損失 \$37,500
(B) 借記：資產報廢損失 \$42,500

(C) 貸記：資產報廢利益 $37,500

(D) 貸記：資產報廢利益 $42,500。　　【高 108-1】【高 110-2】

(　) 21. 公司於 109 年初以成本 $4,000,000，累計折舊 $2,500,000 之機器交換汽車，並收到現金 $500,000，該項交易具商業實質，換入之汽車公允價值為 $1,800,000，則換入汽車之成本為何？
(A)$1,000,000　　　　　　　(B)$1,200,000
(C)$1,500,000　　　　　　　(D)$1,800,000。
【高 109-3】【高 110-1】

(　) 22. 以帳面金額 $2,000,000、公允價值 $3,000,000 之房屋交換一公允價值 $1,600,000 之較小房屋 (與舊屋同作為辦公室用)，並向對方收取現金 $1,400,000，若此項交易不具商業實質，則此交換交易將產生利益若干？
(A)$0　　　　　　　　　　　(B)$600,000
(C)$800,000　　　　　　　　(D)$1,000,000。
【高 108-2】【高 109-2】

(　) 23. 浩雲公司以成本 $500,000，累計折舊 $300,000 之舊機器一部及現金 $350,000 換入新機器一部，若此項交易具商業實質，但新舊機器均無法得知公允價值，則該新機器成本為：
(A)$550,000　　　　　　　　(B)$450,000
(C)$400,000　　　　　　　　(D)$350,000。　　【高 108-1】

(　) 24. 以帳面金額 $600,000 之國產汽車交換公允價值 $980,000 之進口汽車，並支付現金 $300,000，若此項交易不具商業實質，則進口汽車之入帳金額為若干？
(A)$980,000　　　　　　　　(B)$900,000
(C)$600,000　　　　　　　　(D) 選項 (A)、(B)、(C) 皆非。
【高 110-2】

(　) 25. 甲公司擁有一部機器，成本為 $750,000，帳面金額為 $400,000。下列何種情況發生時，即可能產生資產減損？

Chapter 9 不動產、廠房及設備，與天然資源、無形資產

(A) 可回收金額為 $700,000　　(B) 可回收金額為 $630,000
(C) 可回收金額為 $410,000　　(D) 可回收金額為 $360,000。

【高 109-1】

(　) 26. 在成本模式下，不動產、廠房及設備之帳面金額係指不動產、廠房及設備之：
(A) 重置成本
(B) 淨變現價值
(C) 清算價值
(D) 成本減累計折舊及累積減損之餘額。　　【高 108-4】

(　) 27. 辦理折舊性資產重估價時，將使：
(A) 資產不變，折舊費用增加　　(B) 資產及折舊費用增加
(C) 資產增加，折舊費用不變　　(D) 資產及折舊費用均不變。

【高 110-2】

(　) 28. 不動產、廠房及設備後續支出之當年度，若將資本誤列為收益支出，當年度財務報表將產生下列哪一種結果？
(A) 資產多計，淨利多計　　(B) 資產少計，淨利少計
(C) 資產多計，淨利少計　　(D) 資產少計，淨利多計。

【高 110-2】

1.(B)　2.(C)　3.(D)　4.(B)　5.(D)　6.(C)　7.(C)　8.(B)　9.(B)　10.(B)
11.(A)　12.(A)　13.(C)　14.(D)　15.(A)　16.(D)　17.(A)　18.(C)
19.(B)　20.(A)　21.(D)　22.(A)　23.(A)　24.(B)　25.(D)　26.(D)
27.(B)　28.(B)

● **Chapter 9　習題解析**

1. 現金購買價格是定價減除現金折扣。

2. 設備成本包括：現金購買價格、運費、運送途中之保險費、安裝費、試車費等，一切使設備達到可供使用之地點與狀態之必要支出。但因疏忽所致之損失等均不得列入設備成本。

3. 20×1 年折舊費用：$(190{,}000 - 10{,}000) \times \dfrac{5}{1+2+3+4+5} = 60{,}000$

    20×2 年折舊費用：$(190{,}000 - 10{,}000) \times \dfrac{4}{1+2+3+4+5} = 48{,}000$

    20×3 年折舊費用：$(190{,}000 - 10{,}000) \times \dfrac{3}{1+2+3+4+5} = 36{,}000$

    20×3 年底累計折舊為 $60{,}000 + 48{,}000 + 36{,}000 = 144{,}000$。

4. 遺列折舊之調整，將使折舊費用低估且累計折舊也低估。折舊費用低估，造成淨利高估；累計折舊低估，造成資產高估。

5. 會計分錄：借：土地－重估增值（資產增加），貸：土地增值稅準備（負債增加），貸：資本公積－資產增值準備（股東權益增加）。

6. 商標權屬於無形資產。

7. (A) 公司債發行成本應列為公司債成本。

    (B) 商譽 = 公司總價值－（有形及可個別辨認無形資產公平價值－負債總額）。

    (D) 無論勝訴或敗訴，皆列為當期費損。

8. 流動資產：零用金、備抵呆帳、存貨、用品盤存、應收收入、預付貨款。

不動產、廠房及設備：土地改良、累計折舊。

無形資產：特約權、租賃權益。

9. 折舊性資產：機器設備、房屋、辦公設備、資本、租賃之租賃資產。

10. (甲) 屬於投資性不動產

(乙) 屬於固定資產

(丙) 屬於固定資產

(丁) 屬於投資性不動產

11. 可折舊成本 = 500,000 + 100,000 + 70,000 – 20,000 = 650,000。

12. 新機器之入帳成本 = 舊機器之公允價值 + 支付現金 = 2,500 + 10,500 = 13,000。

13. 機器設備入帳成本 = 定價 – 現金折扣 + 支付運費 + 安裝費

= 1,000,000 – 50,000 + 40,000 + 80,000

= 1,070,000。

14. 自有房屋拆除改建新屋，拆除費用扣除殘值後之金額，應列為舊屋之處分損益。

15. 年數合計法與直線法提列折舊，在初期年數會計法的折舊費用高於直線法，故淨利相對較低。

16. 耐用年限增加一倍，則當年底的折舊費用減少，增加本年度的銷貨毛利。

17. 採加速折舊法可使機器設備加速汰舊換新。

18. $21,000,000 \times \dfrac{6,000,000}{12,000,000 + 6,000,000} = 7,000,000$（房屋的成本）。

$7,000,000 \div 20 = 350,000$（房屋每年折舊費用）。

19. 不動產、廠房及設備出售損失 = 帳面金額 – 售價。

20. 報廢損失 = 估計殘值 – 帳面價值

= 42,500 – (700,000 – 620,000)

= –37,500。

21. 換入汽車的成本 = 換出汽車的公允價值 – 收到現金。

僅可能決定換出資產公平價值時，以換出資產公平價值作為換入資產公平價值衡量其成本，故換入汽車的成本 = 換入汽車公允價值 = 1,800,000。

22. 不具商業實質，則不認列資產交換損益。

23. 換出資產和換入資產不能可靠決定時，改用換出資產帳面價值衡量

新機器成本 = 換出資產帳面價值＋支付現金

= (500,000 – 300,000) + 350,000

= 550,000。

24. 換入資產成本 = 帳面價值 + 支付現金 = 600,000 + 300,000 = 900,000。

25. 資產減損 = 帳面價值 – 可回收金額 = 400,000 – 360,000 = 40,000。

26. 成本模式：原始成本 – 累計折舊 – 累積減損作為資產之帳面價值。

27. 資產重估的分錄：
$$\begin{cases} 資產 & ××× \\ 資本公積—資產重估增值準備 & ××× \end{cases},$$

影響資產增加，折舊費用增加，資本公積增加。

28. 正確分錄：
$$\begin{cases} 不動產、廠房及設備 & ××× \\ 現金 & ××× \end{cases}$$

錯誤分錄：
$$\begin{cases} 費用 & ××× \\ 現金 & ××× \end{cases}$$

更正分錄：
$$\begin{cases} 不動產、廠房及設備 & ××× \\ 費用 & ××× \end{cases}$$

故錯誤的結果，造成資產少計，費用多計，即資產少計，淨利少計。

Chapter 10

流動負債

10-1 負債

就會計恆等式的「資產＝負債＋股東權益」，式中的負債是指公司舉借資金來增加資產，我們稱把錢借公司的這一群人為「債權人」，而公司是向他們借錢的稱為「債務人」，若公司把負債的到期日依時間來區分；可分為短期負債與長期負債，或稱為流動負債與長期負債，本章先討論流動負債。

一、流動負債的定義

符合下列條件之一者：

1. 企業營運所發生之債務，預計將於企業之正常營業週期中清償者。
2. 因交易目的而發生者。
3. 於資產負債表日後 **12** 個月內清償者。
4. 企業無法繼續延期至資產負債表日逾 12 個月內清償者。

二、流動負債的表達

流動負債在資產負債表的位置：

甲公司 資產負債表（部分） 2023 年 12 月 31 日	
流動負債	×××
應付票據	×××
應付帳款	×××
應計費用	×××
應計員工薪資與工資	×××
預收收入	×××
應付所得稅	×××
產品保證負債準備	×××
一年內到期的長期負債	×××
流動負債總額	×××

10-2　負債的性質

一、負債的意義

指因過去事項所產生之現時義務，預期該義務的清償，將導致經濟效益的資源流出。

二、負債依據條件

1. 是否因過去事項而產生的現時義務。
2. 經濟資源流出可能性高低。
3. 償付時點與金額之確定程度。

依上述的條件可以區分成確定負債、負債準備，以及或有負債三類。

10-3 確定負債

所謂的「確定負債」，須同時符合下列條件：

1. 因過去事項所產生的現時義務。

2. 確定經濟資源流出。

3. 償付時點與金額已完全確定或相當確定。

例如：銀行透支、應付帳款、應付票據、應計負債、預收收入及代收款、長期負債一年內到期部分。

一、應付票據的會計處理

以應付票據為例：可分為附息票據與不附息票據兩種，但以面額或現值入帳的條件不同。

1. 附息票據以面額入帳，營業發生的一年內到期的應付票據以面額入帳。

2. 不附息票據以現值入帳，非營業發生（例如：借款）不論是否一年內需按現值入帳。

例如：丙公司在 110 年 9 月 1 日向甲銀行借款 20,000，利率 12%、6 個月期，丙公司開立 21,200 之票據一張給甲銀行，取得現金 20,000。在 110 年底丙公司關於前述交易之負債帳面價值為何？

說明：借款是非營業活動所以票據以現值入帳，而面額與現值的差額稱為「應付票據折價」。

應付票據折價是表示取得資金時多支付的代價，因為未來要清償的現金比取得的現金少，所以要把應付票據折價轉成利息費用。

$$現值 = \frac{面額}{(1+利率 \times 期數)} = \frac{21,200}{\left(1+12\% \times \dfrac{6}{12}\right)} = 20,000$$

應付票據折價 = 面額 − 現值 = 21,200 − 20,000 = 1,200

開立應付票據

$$\left\{\begin{array}{lll} \text{現金} & 20,000 & \\ \text{應付票據折價} & 1,200 & \\ \quad\text{應付票據} & & 21,200 \end{array}\right.$$

認列利息費用

$$\left\{\begin{array}{lll} \text{利息費用} & 800 & \\ \quad\text{應付票據折價} & & 800^* \end{array}\right.$$

*9/1~12/31　利息費用 = 期初現值 × 利率 × 期數 = 20,000 × 12% × 4/12 = 800。

　　110 年底丙公司應付票據的帳面價值 = 面額 − 應付票據折價 = 21,200 − (1,200 − 800) = 20,800。

二、長期負債一年內到期部分的會計處理

　　例如：丁公司在 2020 年 12 月 31 日向乙銀行借款 147,000，年利率 12%，並與乙銀行商定自 2021 年起每半年償付 20,000，共計五年清償完畢。付款日為每年 6 月 30 日與 12 月 31 日。丁公司在 2021 年底的流動負債與長期負債為何？

　　說明：每次支付的金額包含：1. 尚未償還貸款本金之利息，2. 貸款本金的攤還。

日期	每期償還金額 (1)	每期利息費用 (2) = 上期 (4) × 12% × 1/2	每期還本金額 (3) = (1) − (2)	本金餘額 (4) = 上期 (4) − (3)
2020/12/31				147,000
2021/6/30	20,000	8,820	11,180	135,820
2021/12/31	20,000	8,149	11,851	123,969

　　2021 年底每期還本金額 = 11,180 + 11,851 = 23,031，列為流動負債（一年內償還），而本金的餘額 123,969，列為長期負債。

負債準備：係指不確定時點或金額之負債，但很有可能發生，且金額可合理可靠估計。

須同時符合下列條件：

1. 因過去事項所產生的現時義務。
2. 很有可能（指發生機率超過 50%）需要流出具經濟效益之資源以清償該負債。
3. 金額能可靠估計。

例如：產品保固服務負債、估計贈品負債。

一、產品售後服務保證的會計處理

估計負債準備
$$\begin{cases} 保固費用 & ××× \\ \quad 應付負債準備 & ××× \end{cases}$$

實際履行義務
$$\begin{cases} 應付負債準備 & ××× \\ \quad 現金 & ××× \end{cases}$$

例如：丙公司銷售商品皆附有一年的保固，該公司於 x5 年開始銷售 500 臺機器。經評估大約有 3% 機器會發生瑕疵，每臺維修成本為 4,600，x5 年度實際發生的維修成本為 29,000。丙公司 x5 年底應列報與該保固服務相關之負債金額為多少？

說明：x5 年應認列應付產品保固服務負債準備 = 500 臺 × 瑕疵率 3% × 4,600 = 69,000。

估計負債準備的分錄

$$\begin{cases} 產品保固服務費用 & 69,000 \\ \quad 應付產品保固服務負債準備 & 69,000 \end{cases}$$

實際履行義務的分錄

$$\left\{\begin{array}{ll}\text{應付產品保固服務負債準備} & 29,000 \\ \quad \text{現金} & 29,000\end{array}\right.$$

x5 年底的應付產品保固服務負債準備餘額 = 69,000 − 29,000 = 40,000。

應付產品保證負債準備

實際維修	29,000	銷貨時認列	69,000
		期末餘額	40,000

二、估計贈品負債的會計處理

購買贈品

$$\left\{\begin{array}{ll}\text{贈品存貨} & \times\times\times \\ \quad \text{現金} & \times\times\times\end{array}\right.$$

銷貨同時認列費用

$$\left\{\begin{array}{ll}\text{贈品費用} & \times\times\times \\ \quad \text{估計贈品負債準備} & \times\times\times\end{array}\right.$$

兌換贈品時

$$\left\{\begin{array}{ll}\text{估計贈品負債準備} & \times\times\times \\ \quad \text{贈品存貨} & \times\times\times\end{array}\right.$$

例如：x6 年丁公司舉辦促銷活動，每件商品均附贈品券一張，每集滿 20 張即可兌換成本 40 之吊飾一個，依過去經驗，約有 60% 的贈品券會兌換。x6 年銷售商品共 100,000 件，若至 x6 年底已被兌換之贈品有 1,600 個，則

x6 年底的估計應付贈品負債為何？

說明：估計兌換吊飾數量 = 100,000 ÷ 20 × 60% = 3,000。

銷貨同時認列費用

*3,000 × 40 = 120,000。

贈品費用	120,000*
估計贈品負債準備	120,000

兌換贈品時

*1,600 × 40 = 64,000。

估計贈品負債準備	64,000*
贈品存貨	64,000

x6 年底的估計應付贈品負債準備 = 120,000 − 64,000 = 56,000。

應付估計負債準備

兌換贈品 64,000	銷貨當年認列費用 120,000
	期末餘額 56,000

10-5 或有負債

或有負債是指符合下列條件之一者：

一、條件一

因過去的事件所產生之可能義務，且存在與否有賴於一個以上不確定未來事件之發生或不發生以證實，而該不確定未來事件係不能完全由該企業控制。

例如：甲公司對乙公司的債務提供保證，因為對甲公司而言所產生者為可能義務，但該義務的存在與否需視債務人（乙公司）是否履行清償義務而定。

二、條件二

1. 因過去事項所產生的現時義務。
2. 非很有可能經濟資源流出。
3. 金額無法可靠地估計。

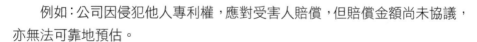

例如：公司因侵犯他人專利權，應對受害人賠償，但賠償金額尚未協議，亦無法可靠地預估。

三、會計處理

負債 ＼ 表達	入帳	揭露
確定負債	✓	
負債準備	✓	
或有負債		✓

四、或有負債與或有資產的揭露

發生可能性 ＼ 或有	或有負債	或有資產
很有可能	✓	✓
有可能	✓	✗
極少可能	✗	✗

✓：揭露，✗：不揭露

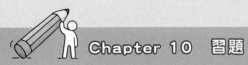

(　) 1. 流動負債是指預期在何時償付的債務？

　　　(A) 一年內

　　　(B) 一個正常營業循環內

　　　(C) 一年或一個正常營業週期內，以較長者為準

　　　(D) 一年或一個正常營業週期內，以較短者為準。　【普 109-1】

(　) 2. 下列哪一個項目不須在財務報表之附註中揭露？

　　　(A) 關係人交易　　　　　　　(B) 期後事項

　　　(C) 會計政策　　　　　　　　(D) 有可能發生之或有資產。

　　　　　　　　　　　　　　　　　【高 108-2】【高 108-3】

(　) 3. 非營業之流動負債通常表示公司應在未來多久期間內需償付的債

　　　務？

　　　(A) 視債務內容及項目而定　　(B)9 個月

　　　(C)3 個月　　　　　　　　　(D)1 年。　　　【高 108-2】

(　) 4. 下列何者屬於負債準備？

　　　(A) 公司債發行溢價部分　　　(B) 可轉換公司債

　　　(C) 產品售後服務保證負債　　(D) 應付租賃款。

　　　　　　　　　　　　　　　　　【高 108-4】【高 110-2】

1.(C)　2.(D)　3.(D)　4.(C)

● Chapter 10　習題解析

1. 流動負債：預期在一年或一營業週期內以現金支付之負債。

2. 需附註揭露的事項：(1) 重要會計政策匯總說明；(2) 關係人間重大交易；
   (3) 期後事項。

3. 非營業之流動負債通常表示公司應在 12 個月內需償付的債務。

4. 負債準備是指未確定時點或金額之負債，典型的例子為產品保證負債，
   估計贈品負債等。

Chapter 11

非流動負債

長期負債的項目：

1. 應付公司債。

2. 長期應付票據。

3. 應付租賃款。

4. 應計退休金負債。

11-2 債券的種類

1. **信用公司債**：當公司發行公司債時，並沒有以公司的特定資產作抵押，而完全是依賴公司的信用作保證，稱為信用公司債。

2. **抵押公司債**：發行抵押公司債時，公司必須提供特定之固定資產作為發行之擔保抵押。若公司違約而無法清償公司債之債款時，即可處分抵押之擔保品以清償債務。

3. **可贖回公司債**：公司債發行時附有贖回條款，允許發行公司在到期日前，以事先約定的贖回價格購回債券，稱為可贖回公司債。

4. **可轉換公司債**：可轉換公司債是指持有人可在公司債發行若干時日後，有權利要求發行公司依契約規定，將公司債轉換為普通股。

5. **可賣回公司債**：持有人可選擇要求發行公司提前贖回債券，以換取本金或延長該債券到期期限的債券。

6. **浮動利率債券**：票面利率會隨著市場某個利率指標的變動而改變，通常以國庫券利率為基準加碼調整，這種設計能使債券的票面利率接近市場利率。

7. **指數連動債券**：物價指數連動債券的面額是依照物價指數調整，票面利率為固定，債券支付的利息等於經物價指數調整後的債券面額乘上固定的票面利率。

8. **分割債券**：特別是政府公債，是將每一筆公債的本金和利息現金流量獨立區分出來，因此可將每一筆的現金流量，視為多張零息債券（zero coupon bonds）。

   零息債券可分割的張數是 1 ＋付息次數。我國實施之分割債券制度中可作為分割的標的有：**公債、公司債、金融債券**。

9. **附認股權公司債**：附認股權證公司債＝公司債＋認股權證。式中：
   (1) **公司債**：是一種債務契約，公司為了籌措資金而販售公司債，並承諾會固定支付利息，並在時間到期時償還本金。
   (2) **認股權證**：是一種權利證明，持有人在未來（特定時間）可以用特定價格，買約定數量的股票。

   由於附認股權證公司債是「公司債＋認股權證」分開來的兩樣東西，所以投資人就算賣掉認股權證，仍有原本的公司債，可以固定領息。

11-3　應付公司債

一、公司債的發行價格

$$發行價格 = \sum_{t=1}^{n} \frac{每期票面利息}{(1+市場利率)^t} + \frac{債券面額}{(1+市場利率)^n} = 每期票面利息 \times$$

年金現值 + 債券面額 × 複利現值 。

【說明：你願意花多少錢買這張公司債？首先是每一期利息收入的總和，然後是公司債到期要取回的本金（面額）。但是同樣一筆錢拿到市場借給別人的報酬率，我們稱為市場利率，若要我買這張公司債，至少要和市場給的報酬率一樣，而這些未來的利息收入與到期本金，到底現在的價值為何？所以我們把市場利率（要求的報酬率）作為折現率，衡量這些未來的利息收入與到期本金現在的價值到底為何，這就是上面發行價格的公式所代表的意義。】

例如：甲公司在 2020 年 1 月 1 日，發行面額 100,000、5 年期、票面利率 10% 的債券，若市場利率為 10%，則發行價格為何？

說明：

每期票面利息 = 100,000 × 10% = 10,000。年金現值 = 3.79079。

債券面額 = 100,000，複利現值 = 0.62092。

發行價格 = 各期票面利息 × 年金現值 + 債券面額 × 複利現值

　　　　 = 10,000 × 3.79079 + 100,000 × 0.62092

　　　　 = 37,908 + 62,092 = 100,000。

由上面的公式可知決定公司債發行價格主要因素為：面額、票面利率、債券期間、市場利率。

公司債發行成本：發行公司債時之相關支出，包括債券印刷費、會計師及律師簽證公費、證券商承銷費用、銀行簽證及手續費等，發行成本作為公司債發行金額的減少，併入公司債折溢價。

二、公司債的發行

1. 票面利率＝市場利率，則債券面額＝債券市值，將平價發行。
   例如：10% = 10%，則 100,000 = 100,000，將平價發行。
2. 票面利率＜市場利率，則債券面額＞債券市值，將折價發行。
   例 如：10% < 12%， 則 100,000 > 10,000 × 3.60478 + 100,000 × 0.56743 = 36,048 + 56,743 = 92,791，將折價發行。
   【說明：站在投資人的角度，若同樣一筆錢借給公司所得到的利息小於借到市場上者，這樣投資人借錢給公司是吃虧的，除非公司以較原先低的借款之本金借錢，即公司出的利息低，就僅能少借一些了。】
   記法：票面利率對應面額，市場利率對應市值。利率的方向與價格呈反向。
3. 票面利率＞市場利率，則債券面額＜債券市值，將溢價發行。
   例 如：10% > 8%， 則 100,000 < 10,000 × 3.99271 + 100,000 × 0.68058 = 39,927 + 68,058 = 107,985，將溢價發行。
   【說明：即公司出的利息比市場高，那麼就能多借一點錢了。】

注意：發行公司債的公司，公司債的實際負擔利率不是指債券票面利率，而是市場利率。

▲發行的分錄

平價發行：$\begin{cases} 現金 & ××× \\ 應付公司債 & ××× \end{cases}$

例如：$\begin{cases} 現金 & 100,000 \\ 應付公司債 & 100,000 \end{cases}$

折價發行：$\begin{cases} 現金 & \times\times\times \\ 應付公司債折價 & \times\times\times \\ \quad 應付公司債 & \times\times\times \end{cases}$

例如：$\begin{cases} 現金 & 92,791 \\ 應付公司債折價 & 7,209 \\ \quad 應付公司債 & 100,000 \end{cases}$

溢價發行：$\begin{cases} 現金 & \times\times\times \\ \quad 應付公司債 & \times\times\times \\ \quad 應付公司債溢價 & \times\times\times \end{cases}$

例如：$\begin{cases} 現金 & 107,985 \\ \quad 應付公司債 & 100,000 \\ \quad 應付公司債溢價 & 7,985 \end{cases}$

▲期末調整

折價發行：係指發行公司以低於面額的方式取得資金，視為額外增加的成本，除了每期支付利息外，尚須將此成本作攤銷，造成利息費用的增加，即轉到利息費用，故折價攤銷放貸方。

思考：

平價發行的付息分錄 $\begin{cases} 利息費用 & \times\times\times \\ \quad 現金 & \times\times\times \end{cases}$

折價攤銷分錄 $\begin{cases} 利息費用 & \times\times\times \\ \quad 應付公司債折價 & \times\times\times \end{cases}$

【說明：折價使得利息費用增加，利息費用增加放借方。】

把上述分錄合併 $\begin{cases} 利息費用 \times\times\times + 利息費用 \times\times\times \\ \quad 現金 & \times\times\times \\ \quad 應付公司債折價 & \times\times\times \end{cases}$

即為折價發行的調整分錄。

每期之利息費用 = 每期利息支付金額 + 該期折價攤銷數。
A：每期付息支付金額 = 公司債面額 × 票面利率 × 付息期間。
B：該期利息費用 = 期初公司債帳面金額 × 市場利率 × 付息期間。

分錄：$\begin{cases} 利息費用 & B \\ \quad 應付公司債折價 & B-A \\ \quad 現金 & A \end{cases}$

溢價發行：係指發行公司以高於面額的方式取得資金，視為額外取得的資金（或視為額外減少的成本）可作為未來利息費用的減少，即轉出利息費用，故溢價攤銷放借方。

思考：

溢價發行的付息分錄 $\begin{cases} 利息費用 & \times\times\times \\ \quad 現金 & \times\times\times \end{cases}$

溢價攤銷分錄 $\begin{cases} 應付公司債溢價 & \times\times\times \\ \quad 利息費用 & \times\times\times \end{cases}$

（溢價使得利息費用減少，利息費用減少放貸方）

把上述分錄合併 $\begin{cases} 利息費用 & \times\times\times \\ 應付公司債溢價 & \times\times\times \\ \quad 現金 & \times\times\times \\ \quad 利息費用 & \times\times\times \end{cases}$

即為溢價發行的調整分錄。

每期之利息費用 = 每期利息支付金額 − 該期溢價攤銷數。
A：每期付息支付金額 = 公司債面額 × 票面利率 × 付息期間。
C：該期利息費用 = 期初公司債帳面金額 × 市場利率 × 付息期間。

$$\text{分錄：} \begin{cases} \text{利息費用} & C \\ \text{應付公司債折價} & A-C \\ \text{現金} & A \end{cases}$$

　　例如：甲公司於 2011 年 1 月 1 日以 104,580 出售面額 100,000、票面利率 4%、市場利率 3%、5 年期的公司債，且每年 12 月 31 日支付利息。甲公司會計年度採曆年制。請記錄公司債發行、公司債付息，採利息法編製利息攤銷表，並說明 2011 年底資產負債表之表達？

　　說明：發行價格 104,580 大於面額 100,000，是溢價發行。溢價 = 104,580 - 100,000 = 4,580。

1. 公司債發行分錄

　　2011 年 1 月 1 日，借：現金 104,580，貸：應付公債 100,000。（借方 > 貸方，補貸方差額。）

　　【說明：先這樣寫，後續再來補差額。】

$$\begin{cases} \text{現金} & 104,580 \\ \quad \text{應付帳款} & 100,000 \end{cases}$$

$$\begin{cases} \text{現金} & 104,580 \\ \quad \text{應付公債} & 100,000 \\ \quad \text{應付公司債溢價} & 4,580 \end{cases}$$

2. 公司債付息分錄

　　2011 年 12 月 31 日

　　【說明：第一個步驟先寫以現金支付利息的分錄。】

$$\begin{cases} \text{利息費用} & 4,000 \\ \quad \text{現金} & 4,000 \end{cases}$$

$$\begin{cases} \text{應付公司債溢價} & 863 \\ \quad \text{利息費用} & 863 \end{cases}$$

【說明：第二個分錄再依據攤銷表將本期分攤數，將造成利息費用減少，故利息費用減少是放貸方，最後再補借方科目「應付公司債溢價」。】

另法：2011 年 12 月 31 日，借：利息費用 3,137，應付公司債溢價 863，貸：現金 4,000。（貸方 > 借方，補借方差額。）

利息費用　　3,137
　　現金　　　　　4,000

應付公司債溢價　　　863
利息費用　　　　　3,137
　　現金　　　　　　　4,000

3. 利息法

日期	Step1 現金（面額 × 票面利率）	Step2 利息費用（前期帳面價值 × 市場利率）	Step3 溢價攤銷(Step1 – Step2)	帳面價值（期初帳面價值 – 本期溢價攤銷）
2011/1/1				104,580
2011/12/31	4,000	3,137	863	103,717
2012/12/31	4,000	3,112	888	102,829
2013/12/31	4,000	3,085	915	101,914
2014/12/31	4,000	3,057	943	100,971
2015/12/31	4,000	3,029	971	100,000

4. 2011 年底資產負債表之表達

2011 年 12 月 31 日

應付公司債　　　　　　　100,000

加：應付公司債溢價　　　3,717*

帳面價值　　　　　　　　103,717

* 溢價總額－當期分攤溢價 = 4,580 – 863 = 3,717。

注意：考試時，直接用面額減帳面價值就等於應付公司債溢價了。

例如：乙公司於 100 年 1 月 1 日發行面額 100,000、5 年期、票面利率 10%、市場利率 12% 之公司債，每年 12 月 31 日付息，發行價格為 93,000。請記錄公司債發行、公司債付息，採利息法編製利息攤銷表，並說明 100 年底資產負債表之表達？

說明：發行價格 93,000 小於面額 100,000，是折價發行。折價 = 100,000 – 93,000 = 7,000。

1. 公司債發行分錄

   100 年 1 月 1 日，借：現金 93,000，貸：應付公債 100,000。（貸方 > 借方，補借方差額。）

   $$\left\{\begin{array}{ll} 現金 & 93,000 \\ \quad 應付公債 & 100,000 \end{array}\right.$$

   $$\left\{\begin{array}{ll} 現金 & 93,000 \\ 應付公司債折價 & 7,000 \\ \quad 應付公債 & 100,000 \end{array}\right.$$

2. 公司債付息分錄

   100 年 12 月 31 日

   $$\left\{\begin{array}{ll} 利息費用 & 10,000 \\ \quad 現金 & 10,000 \end{array}\right.$$

   $$\left\{\begin{array}{ll} 利息費用 & 1,160 \\ \quad 應付公司債折價 & 1,160 \end{array}\right.$$

   另法：100 年 12 月 31 日，借：利息費用 11,160，貸：現金 10,000。（借方 > 貸方，補貸方差額。）

$$\left\{\begin{array}{lll} \text{利息費用} & 11,160 & \\ \quad \text{現金} & & 10,000 \end{array}\right.$$

$$\left\{\begin{array}{lll} \text{利息費用} & 11,160 & \\ \quad \text{現金} & & 10,000 \\ \quad \text{應付公司債折價} & & 1,160 \end{array}\right.$$

3. 利息法

日期	Step1 現金（面額 × 票面利率）	Step2 利息費用（前期帳面價值 × 市場利率）	Step3 折價攤銷 (Step2 – Step1)	帳面價值（期初帳面價值 + 本期折價攤銷）
100/1/1				93,000
100/12/31	10,000	11,160	1,160	94,160
101/12/31	10,000	11,299	1,299	95,459
102/12/31	10,000	11,455	1,455	96,914
103/12/31	10,000	11,630	1,630	98,544
104/12/31	10,000	11,456*	1,456	100,000

* 最後一期，需尾數調整，以符合完全攤銷後之餘額 = 面額，折價 = 100,000 – 98,544 = 1,456，利息費用 = 10,000 + 1,456 = 11,456。

4. 100 年底資產負債表之表達

100 年 12 月 31 日

應付公司債　　　　　　　　100,000

減：應付公司債折價　　　　5,840*
帳面價值　　　　　　　　　94,160
　* 折價總額 – 當期分攤的折價 = 7,000 – 1,160 = 5,840。

【說明：上面這樣寫很麻煩，可以先寫面額，再依攤銷表填上帳面價值，而差額就是未攤銷的應付公司債折價了。】

注意：考試時，直接用面額減帳面價值就等於應付公司債折價了。

△如何以直線法攤銷公司債折溢價？

步驟一：計算攤銷額 = $\dfrac{折溢價總額}{剩餘流通期間}$ × 攤銷期間。

步驟二：計算支付現金 = 面額 × 票面利率 × 期間。

步驟三：溢價視為額外增加的資金可作為未來利息費用的減少，故溢價攤銷科目放借方。

或

折價視為額外減少的資金可作為未來利息費用的增加，故折價攤銷科目放貸方。

例如：甲公司於 2011 年 1 月 1 日以 104,580 出售面額 100,000、票面利率 4%、市場利率 3%、5 年期的公司債，且每年 12 月 31 日支付利息。甲公司會計年度採曆年制。請記錄公司債發行、公司債付息，採直線法編製利息攤銷表，並說明 2011 年底資產負債表之表達？

說明：發行價格 104,580 大於面額 100,000，是溢價發行。溢價 = 104,580 – 100,000 = 4,580。

1. 公司債發行分錄

2011 年 1 月 1 日，借：現金 104,580，貸：應付公債 100,000。（借方 > 貸方，補貸方差額。）

$\left\{\begin{array}{ll} 現金 & 104,580 \\ \quad 應付公債 & 100,000 \end{array}\right.$

$\left\{\begin{array}{ll} 現金 & 104,580 \\ \quad 應付公債 & 100,000 \\ \quad 應付公司債溢價 & 4,580 \end{array}\right.$

2. 公司債付息分錄

2011 年 12 月 31 日

$\left\{\begin{array}{ll} 利息費用 & 4,000 \\ \quad 現金 & 4,000 \end{array}\right.$

$$\left\{ \begin{array}{ll} \text{應付公司債溢價} & 916 \\ \quad \text{利息費用} & 916 \end{array} \right.$$

【說明：有沒有發現「直線法」在計算利息費用時，它的順序與「利息法」不一樣？這裡要先算每一期的溢價攤銷，因為溢價將使未來的利息費用減少，所以第一個分錄是借：溢價攤銷，貸：利息費用；第二個分錄才是現金付息，借：利息費用，貸：現金。】

另法：2011 年 12 月 31 日

$$\left\{ \begin{array}{ll} \text{利息費用} & 3,084 \\ \text{應付公司債溢價} & 916 \\ \quad \text{現金} & 4,000 \end{array} \right.$$

3. 直線法

日期	Step2 現金 （面額 × 票面利率）	Step3 利息費用 (Step2 – Step1)	Step1 溢價攤銷 $\dfrac{4,580}{5} \times 1 = 916$	帳面價值
2011/1/1				104,580
2011/12/31	4,000	3,084	916	103,664
2012/12/31	4,000	3,084	916	102,748
2013/12/31	4,000	3,084	916	101,832
2014/12/31	4,000	3,084	916	100,916
2015/12/31	4,000	3,084	916	100,000

4. 2011 年底資產負債表之表達

2011 年 12 月 31 日

應付公司債　　　　　　　　100,000

加：應付公司債溢價　　　　　3,664*

帳面價值　　　　　　　　　103,664

＊溢價總額 – 當期分攤的溢價 = 4,580 – 916 = 3,664。

注意：考試時，直接用面額減帳面價值就等於應付公司債溢價了。

例如：乙公司於 100 年 1 月 1 日發行面額 100,000、5 年期、票面利率 10%、市場利率 12% 之公司債，每年 12 月 31 日付息，發行價格為 93,000。請記錄公司債發行、公司債付息，採直線法編製利息攤銷表，並說明 100 年底資產負債表之表達？

說明：發行價格 93,000 小於面額 100,000，是折價發行。折價 = 100,000 – 93,000 = 7,000。

1. 公司債發行分錄

   100 年 1 月 1 日，借：現金 93,000，貸：應付公債 100,000。（貸方 > 借方，補借方差額。）

   現金　　　　93,000
   　應付公債　　　100,000

   現金　　　　93,000
   應付公司債折價　7,000
   　應付公債　　　　100,000

2. 公司債付息分錄

   100 年 12 月 31 日

   利息費用　　10,000
   　現金　　　　10,000

   利息費用　　　　1,400
   　應付公司債折價　1,400

   另法：100 年 12 月 31 日

   利息費用　　　11,400
   　現金　　　　　10,000
   　應付公司債折價　1,400

3. 直線法

日期	Step2 現金（面額 × 票面利率）	Step3 利息費用 (Step2 + Step1)	Step1 折價攤銷 $\frac{7,000}{5} \times 1 = 1,400$	帳面價值
100/1/1				93,000
100/12/31	10,000	11,400	1,400	94,400
101/12/31	10,000	11,400	1,400	95,800
102/12/31	10,000	11,400	1,400	97,200
103/12/31	10,000	11,400	1,400	98,600
104/12/31	10,000	11,400	1,400	100,000

4. 100 年底資產負債表之表達

100 年 12 月 31 日

應付公司債　　　　　　　　100,000

減：應付公司債折價	5,600*
帳面價值	94,400

* 折價總額 − 當期分攤折價 = 7,000 − 1,400 = 5,600。

注意：考試時，直接用面額減帳面價值就等於應付公司債折價了。

▲公司債之償還

1. 到期償還：因折溢價已經攤銷完畢，公司債的帳面價值等於面額，不會產生償還損益。分錄：借：應付公司債 ×××　貸：現金 ×××。

2. 提前償還：

    (1) 補記上次付息日至償還日之間的利息、攤銷折溢價。

    (2) 買回損益 = 支付價格 − 買回日的公司債帳面價值 = 支付價格 − （期初帳面價值 ± 本期折溢價攤銷數）= 支付價格 −（公司債面額 ± 未攤銷折溢價）。

例如：甲公司 x6 年 1 月 1 日以 95,671 發行票面金額 100,000、5 年期、利率 4% 的公司債，發行時的市場利率為 5%，利息於每年年初支付，並採

用有效利率法攤銷溢折價，若於 x7 年 1 月 1 日支付利息後，按面額 98 提前清償流通在外的債券一半，則公司所認列之清償債券損益為何？

【說明：由 **95,671 ＜ 100,000**，是折價發行，先算本期折價攤銷數，再把攤銷數加期初帳面價值，這就等於贖回當日的帳面價值了。】

X6 年債券付現利息 = 面額 × 票面利率 = 100,000 × 4% = 4,000。

X6 年債券利息費用 = 帳面價值 × 市場利率 = 95,671 × 5% = 4,784。

X6 年債券折價攤銷數 = 利息費用 − 付現利息 = 4,784 − 4,000 = 784。

X6 年債券帳面價值 = 期初帳面價值 + 本期折價攤銷數 = 95,671 + 784 = 96,455。

X6 年債券帳面價值 = 公司債面額 − 未攤銷折價 = 100,000 −〔(100,000 − 95,671) − 784〕= 96,455。

X7 年初債券清償損失 =（支付價格 − 買回日的公司債帳面價值）= (100,000 × 0.98 − 96,455) × 1/2 = 772.5。

【說明：先計算清償當日的帳面價值，接著用贖回現金和帳面價值比較大小。】

11-4 長期應付票據

　　長期應付票據：指付款期間在一年或一個營業週期以上之應付票據。長期應付票據應按現值評價。

　　長期應付票據每次支付的金額包含：1.尚未償還貸款本金之利息；2.貸款本金之攤還。其實就像購屋的房貸還款一樣，每次（期）所繳的貸款金額，包括兩個部分，一部分是償還本金，另一部分是繳未償還的本金之利息。

　　例如：假設丙公司在 100 年 1 月 1 日發行 500,000，8% 的 20 年期長期應付票據，以取得購買設備所需資金。每年分期攤還之金額為 50,926。前六年之分期攤還如表所示。

支付利息期數	(A) 現金支付	(B) 利息費用 (D) × 8%	(C) 本金減少金額 (A) – (B)	(D) 貸款本金餘額 (D) – (C)
				500,000
1	50,926	40,000	10,926	489,074
2	50,926	39,126	11,800	477,274
3	50,926	38,182	12,744	464,530
4	50,926	37,162	13,764	450,766
5	50,926	36,061	14,865	435,901
6	50,926	34,872	16,054	419,847

發行長期應付票據取得資金

分錄：

1/1 　　現金　　　　　　　500,000
　　　　　長期應付票據　　　500,000

第一期的還款

分錄：

12/31	利息費用	40,000	
	長期應付票據	10,926	
	現金		50,926

【步驟一：先寫每一期支付的現金，因為現金包含兩部分，一是本期還本，另一是未還本金的利息。步驟二：計算本期的利息費用，是用剩餘本金乘上利率。步驟三：每期固定清償的現金減本期的利息費用，得到本期清償的本金，順序不要弄錯，所以還款分錄先以現金支付（放貸方），而支付對象一是利息費用，另一部分是本期攤還的的本金，科目是長期應付票據。】

100 年底資產負債表之表達

負債

長期應付票據一年內到期　　11,800

長期應付票據　　　　　　477,274

長期應付票據一年內到期 11,800 歸類為流動負債。

長期應付票據 477,274 歸類為非流動負債。

 **11-5　租賃負債**

▲租賃基本概念

　　租賃：出租人將特定資產之使用權，於約定期間轉讓予承租人，並定期向承租人收取定額租金以為報酬之協議。

▲租賃分類標準

　　以租賃資產所有權的風險與報酬歸屬予承租人或出租人為標準。

$$租賃之類別\begin{cases}營業租賃 \\ 融資租賃\end{cases}$$

　　若承租人承擔租賃資產標的物所有權的幾乎所有風險與報酬，則為融資租賃。

　　若出租人承擔租賃資產標的物所有權的幾乎所有風險與報酬，則為營業租賃。

▲融資租賃的條件

　　下列條件會將該項租賃分類為融資租賃：

1. 租賃期間屆滿時，資產所有權移轉予承租人。
2. 承租人享有優惠承購權。
3. 租賃期間涵蓋租賃資產經濟年限之主要部分。
4. 租賃開始日最低給付額現值，達租賃資產公允價值的 **90%** 以上。

一、承租人營業租賃之帳務處理

$$分錄：\begin{cases}租金費用 & \times\times\times \\ \quad現金 & \times\times\times\end{cases}$$

租金費用列損益表費用。
現金列流動資產項下。

二、承租人融資租賃之帳務處理

租賃期間開始日：

分錄：$\begin{cases} \text{使用權資產} \quad \times\times\times \\ \quad \text{租賃負債} \quad \times\times\times \end{cases}$

使用權資產列在非流動資產項下。
租賃負債列在長期負債項下。

每期支付租金：
分錄：以利息法認列租賃負債的利息費用。

$\begin{cases} \text{利息費用} \quad \times\times\times \\ \quad \text{租賃負債} \quad \times\times\times \end{cases}$

$\begin{cases} \text{租賃負債} \quad \times\times\times \\ \quad \text{現金} \quad\quad \times\times\times \end{cases}$

年底認列折舊費用：

分錄：$\begin{cases} \text{折舊費用} \quad\quad\quad \times\times\times \\ \quad \text{累計折舊 - 使用權資產} \quad \times\times\times \end{cases}$

(　) 1. 公司在 X1 年時發行 5 年期，2 年內可轉換為普通股之公司債，
在 X1 年底資產負債表中應列為：
(A) 長期負債
(B) 權益
(C) 流動負債
(D) 預期可能轉換部分列為權益，其餘列為長期負債。

【普 108-2】【普 110-3】

(　) 2. 溢價發行之公司債，若採直線法攤銷其溢價，則流通初期之利息
費用將：
(A) 較採利息法攤銷溢價之利息費用為高
(B) 較採利息法攤銷溢價之利息費用為低
(C) 與採利息法攤銷溢價之利息費用相等
(D) 較依票面利率計算之利息費用為高。　　　　【普 109-1】

(　) 3. 應付公司債溢價之攤銷，將：
(A) 增加利息收入　　　　　　(B) 減少利息收入
(C) 減少利息費用　　　　　　(D) 增加利息費用。

【普 109-3】

(　) 4. 應付公司債折價與應付公司債溢價：
(A) 皆為遞延借項
(B) 屬於損益項目
(C) 兩者皆屬於負債類項目
(D) 前者為資產項目，後者為負債項目。　　　【普 109-3】

(　) 5. 若以有效利息法 (Effective Interest Method) 攤銷應付公司債
之溢價，則每期之利息費用為：
(A) 遞增　　　　　　　　(B) 遞減
(C) 不變　　　　　　　　(D) 不一定。　　　【普 109-2】

（　　）6. 長江公司有一筆 $8,000,000 之負債將於 X6 年 3 月 1 日到期，該公司預訂於 X6 年 3 月 5 日發行長期債券，並以取得之資金補充因償還前述 $8,000,000 負債所造成之資金短缺。假設長江公司 X5 年 12 月 31 日資產負債表於 X6 年 3 月 11 日發布，則上述之 $8,000,000 負債應列為：

(A) 流動負債

(B) 長期負債

(C) 長江公司可自行選擇分類方式

(D) 或有負債。　　　　　　　　　　　　　　　　【高 109-4】

（　　）7. 長期負債若將於 12 個月內到期，並將以現金或另創流動負債償還之部分：

(A) 仍列長期負債，不必特別處理

(B) 仍列長期負債，另設「一年內到期長期負債」科目

(C) 轉列流動負債

(D) 以上作法皆非。　　　　　　　　　　　　　　　【高 109-4】

（　　）8. 下列哪一項目在財務報表中是列為資產或負債的附加科目？

(A) 累計折舊　　　　　　　　　(B) 備抵損失

(C) 處分廠房設備利益　　　　　(D) 應付公司債溢價。

【高 110-2】

（　　）9. 下列何者非為舉債可能導致之影響？

(A) 利息費用增加　　　　　　　(B) 負債比率提高

(C) 營業情況佳時產生槓桿利益 (D) 所得稅將提高。

【高 110-1】【高 109-4】

（　　）10. 奧蘭多公司 108 年度認列利息費用 $9,000，已知期末應付利息比期初增加 $4,000，另有公司債溢價攤銷 $1,000。假設無利息資本化情況，則奧蘭多公司 108 年度支付利息的現金金額為：

(A)$6,000　　　　　　　　　　(B)$7,000

(C)$10,000　　　　　　　　　 (D)$11,000。

【高 108-3】【高 109-2】【高 109-3】

（　）11. 可轉換公司債之發行日與開始轉換日間的期間稱為：
(A) 轉換期間　　　　　　　　　(B) 凍結期間
(C) 到期期間　　　　　　　　　(D) 執行期間。　　【高 108-1】

（　）12. 新屋公司於 106 年 7 月 1 日折價發行公司債一批，原擬採用有效利率法攤銷折價，但誤用直線法。此項攤銷方法之誤用，在 107 年初，對下列項目造成何種影響？
(A) 公司債帳面金額高估；保留盈餘低估
(B) 公司債帳面金額低估；保留盈餘低估
(C) 公司債帳面金額高估；保留盈餘高估
(D) 公司債帳面金額低估；保留盈餘高估。　　【高 109-3】

（　）13. $40 的永續年金在 10% 的資金成本率之下，現值為若干？
(A)$3.2　　　　　　　　　　　(B)$37.04
(C)$400　　　　　　　　　　　(D)$500。　　【高 108-3】

（　）14. 應付公司債折價攤銷為：
(A) 利息費用之減少
(B) 利息費用之增加
(C) 公司債到期日應償還金額之增加
(D) 負債之減少。　　【高 108-2】

（　）15. 下列何者決定公司債每期債息的現金支出金額？
(A) 市場利率水準　　　　　　　(B) 債券的折現率
(C) 債券的票面利率　　　　　　(D) 有效的實質利率。
　　　　　　　　　　　　　　　【高 108-4】【高 109-1】

（　）16. 假設一債券是以面值發行，如果市場利率在發行後下降，則債券的價格很可能會：
(A) 大幅下降　　　　　　　　　(B) 小幅下降
(C) 上升　　　　　　　　　　　(D) 不變。　　【高 109-2】

（　）17. 若以有效利率法 (Effective Interest Method) 攤銷公司債之溢價，則每期所攤銷之溢價金額為：

(A) 遞減　　　　　　　　　　　　(B) 遞增

(C) 不變　　　　　　　　　　　　(D) 不一定。

【高 109-3】【高 109-4】

(　　) 18. 某企業因計畫興建廠房，發行 10 年期長期公司債，發行時票面
利率低於市場利率故折價發行，其帳上應該如何處理？

(A) 一次認列折價總額為利息費用

(B) 一次認列折價總額為利息收入

(C) 折價總額應列為長期負債的減項再分期攤銷

(D) 折價總額應列為長期負債的加項再分期攤銷。　【高 109-2】

(　　) 19. 若公司債之票面利率高於市場利率，則該公司債應：

(A) 平價發行　　　　　　　　　　(B) 溢價發行

(C) 折價發行　　　　　　　　　　(D) 發行價格不受利率影響。

(　　) 20. 下列何者會增加可轉換公司債的價值？

(A) 凍結期間變長　　　　　　　　(B) 股票價格波動變大

(C) 股票股息的發放多　　　　　　(D) 轉換期間短。

【高 108-3】【高 109-1】

(　　) 21. 採有效利息法攤銷應付公司債折、溢價時，下列關係何者正確？

(A) 折價發行時折價攤銷額逐期遞減

(B) 溢價發行時溢價攤銷額逐期遞減

(C) 折價發行時折價攤銷額逐期遞增

(D) 選項 (A)、(B)、(C) 皆不正確。　　　　　　【高 108-4】

(　　) 22. 下列何者並非使用租賃較佳之理由？

(A) 租賃可保留資金

(B) 租約標準化後可降低管理及交易之成本

(C) 可得到較佳稅盾的利用

(D) 短期租賃有其便利性。　　　　　　　　　　【高 108-3】

1.(A)　2.(B)　3.(C)　4.(C)　5.(B)　6.(A)　7.(C)　8.(D)　9.(D)　10.(A)
11.(B)　12.(A)　13.(C)　14.(B)　15.(C)　16.(C)　17.(B)　18.(C)
19.(B)　20.(B)　21.(C)　22.(A)

● Chapter 11　習題解析

1. 可轉換公司債在資產負債表中應列為長期負債。
2. 溢價：債券發行初期，攤銷利息費用（利息法）> 攤銷利息費用（直線法）。
3. 溢價發行係指發行公司以高於面額的方式取得資金，額外增加的資金可作為未來利息費用的減少。
4. 應付公司債折價是應付公司債面額的減項，應付公司債溢價是應付公司債面額的加項。
5. 溢價發行的應付公司債其帳面價值，將逐期下降，直至到期時等於面額，而利息費用 = 前期帳面價值 × 市場利率，故每期的利息費用隨著前期帳面價值的下降，也隨之遞減。
6. 對於資產負債表日後 12 個月內到期之金融負債，企業若於資產負債表日後，始完成長期性再融資或展期者，應列為流動負債。
7. 長期負債將於 12 個月內到期，並將以現金或另創流動負債償還之部分應轉列為流動負債。
8. 應付公司債溢價是應付公司債的附加科目。
9. 舉債的利息費用可以節稅，不會造成繳納的所得稅提高。
10. 公司債每期付息時－溢價分錄：

$$\begin{cases} 利息費用 & 9{,}000 \\ 公司債溢價 & 1{,}000 \\ 現金 & x + 4{,}000 \end{cases}$$

   $9{,}000 + 1{,}000 = x + 4{,}000$

   得 $x = 6{,}000$
11. 可換轉公司債之發行日與開始轉換日間的期間稱為「凍結期間」。

12. 107 年初直線法折價攤銷 < 有效利率法折價攤銷，故公司債的帳面價值高估，且直線法認列之利息費用，於期初時高於有效利率，故造成淨利低估，以致保留盈餘低估。

13. 年金現值總和 $= \dfrac{40}{(1+10\%)^1} + \dfrac{40}{(1+10\%)^2} + \cdots\cdots = \dfrac{40}{10\%} = 400$。

14. 應付公司債攤銷 = 利息費用 − 應付利息，即利息費用大於應付利息。

15. 應付利息（現金）= 應付公司債面額 × 票面利率 × 期數。

16. 債券價格與殖利率呈現反向關係，殖利率越低，債券市價越高。

17. 每期所攤銷的溢價或折價金額，均為「逐年遞增」。

18. 票面利率 < 市場利率，則面額 > 市值，即折價發行，期末應將折價總額列為應付公司債減項，期末再將應付公司債折價總額攤銷。

19. 票面利率 > 市場利率，則債券面額 < 債券市值，將溢價發行。

20. 公司債的轉換價值 = 轉換比例 × 股價。
    當股價上升則公司債的轉換價值上升。

21. 不論是折價或溢價發行，每期之攤銷額將逐年增加。

22. 營業租賃的承租人須支付租金費用。資本租賃的承租人年底須支付利息費用和分攤應付租賃款。分錄如下：

營業租賃　　　　資本租賃

$\left\{\begin{array}{l} 租金費用 \\ \quad 現金 \end{array}\right.$　　　$\left\{\begin{array}{l} 應付租賃款 \\ 利息費用 \\ \quad 現金 \end{array}\right.$

公司會計

12-1 公司型態

是指依據我國《公司法》之規定成立，以營利為目的之商業組織。公司具有法人資格，其組織型態依出資股東所負擔的責任不同，可分為以下四種型態：

1. 無限公司：由二人以上之股東所組成；股東對公司債務負連帶無限清償責任。

2. 有限公司：由二人以上之股東所組成；股東對公司債務的清償責任以其出資額為限。

3. 兩合公司：由一人以上無限責任股東及一人以上有限責任股東所組成；無限責任股東對公司債務負連帶無限清償責任；有限責任股東對公司債務清償責任以其出資額為限。

4. 股份有限公司：由二人以上之股東或政府、法人股東一人所組成；股東對公司債務的清償責任以其出資額為限。

　　《公司法》中對於股份有限公司的相關規定，《公司法》所謂的「公司」，不論是哪一種，都要符合三個條件：

　　1. 以**營利**為目的。

　　2. 依照《**公司法**》組織、登記、成立。

　　3. **社團法人**。

　　由上述條件可知：公司經營的目的在獲取利潤，它的成立、登記都要依照《公司法》的規定辦理，而且是以「社員（人）」為成立基礎的組織。

12-3　股份有限公司的組織

一、股東會

　　股東會是「股東的集會」，是公司的「最高民意機關」，公司最重要的事情一定要經過股東會的決議通過，而股東會又可分為股東常會與股東臨時會兩種。

二、董事會

　　董事是執行公司業務，稱為執行董事。而董事會是由董事組成的，董事會的核准層級只僅次於股東會。董事會採「決議制」，董事所作的決定必須透過董事會的表決通過才可以。董事會的董事長可以作決定、代表公司，而重要的執行政策仍要提報董事會表決通過。

三、監察人

　　監察人是監督董事在執行職務時，有沒有按照法令規定、按照股東會決議的吩咐，是用來制衡董事會的。監察人獨立行使職權，不需要開會、表決，每個監察人行使職權不必經過其他監察人的同意。

四、審計委員會

　　是屬於董事會下面的專門委員，是用來協助董事會進行決策的，所以與監督董事會的監察人是不同的，而公司可自行選擇設置審計委員會或監察人。

普通股股本加保留盈餘等於股東權益總額,這是股東權益組成的基本架構,後續將以這個基本架構逐步予以擴充。

乙公司 2020 年 12 月 31 日 資產負債表(部分)	
股東權益	
普通股股本	×××
保留盈餘	<u>×××</u>
股東權益總額	<u>×××</u>

一、普通股的會計處理

分成現金發行**有面額普通股**、現金發行**無面額普通股**來討論。

1. 現金發行有面額普通股

   例如，乙公司以現金發行 1,000 股面額為 10 之普通股，價格等於面額，此交易分錄為：

   説明：

   現金 = 1,000 × 10 = 10,000。

現金	10,000	
普通股股本		10,000

乙公司	
2020 年 12 月 31 日	
資產負債表（部分）	
股東權益	
普通股股本	10,000
保留盈餘	×××
股東權益總額	×××

   例如，乙公司以現金發行 1,000 股面額為 10 之普通股，價格為 12，此交易分錄為：

   説明：

   現金 = 1,000 × 12 = 12,000。

現金	12,000	
普通股股本		10,000
普通股股本溢價		2,000

乙公司 2020 年 12 月 31 日 資產負債表（部分）	
股東權益	
普通股股本	10,000
普通股股本溢價	2,000
保留盈餘	×××
股東權益總額	×××

2. 現金發行無面額普通股

例如，乙公司以設定價格為 11 的無面額普通股，且公司以每股價格為 12 發行 1,000 股，此交易分錄為：

說明：

現金 = 1,000 × 12 = 12,000。

普通股股本 = 1,000 × 11 = 11,000。

普通股股本溢價 = 12,000 − 11,000 = 1,000。

現金	12,000	
普通股股本		11,000
普通股股本溢價		1,000

3. 發行以取得服務或非現金資產

例如，乙公司的面額為 10，公司以 1,000 股的股票，以取得出價 13,000 的土地，此交易分錄為：

說明：

以土地的取得成本作為入帳基礎，即 13,000，而不是普通股股本 1,000 × 10 = 10,000。

土地	13,000	
普通股股本		10,000
普通股股本溢價		3,000

二、特別股的會計處理

特別股股東有下列優先權：1. 分配盈餘（股利），2. 在清算時，分配資產。

例如，乙公司發行 10,000 股面額為 10，每股現金價格 12 之特別股，記錄此發行之分錄為：

說明：現金 = 10,000 × 12 = 120,000。

```
現金              120,000
    特別股股本           100,000
    特別股股本溢價         20,000
```

12-6　庫藏股的會計處理

意義：庫藏股 (treasury shares) 是公司已發行，但又由股東處購回，卻未註銷之股票。公司可能因不同原因購回庫藏股：

1. 因應員工分紅入股或履行員工認股計畫，需再發行股票給管理者或員工。
2. 對市場釋放管理者相信股價被低估訊息，期能提升股價。
3. 握有額外股份，以為購併其他公司所用。
4. 降低流通在外股數，以增加每股盈餘。

一、庫藏股票之買回

公司對庫藏股的會計處理通常採用「成本法」。在成本法下，公司將買回庫藏股的價格，借記至「庫藏股」科目。當公司處分這些股票時，則將當初購買這些庫藏股所支付的價格貸記至「庫藏股」科目。

分錄：$\begin{cases} 庫藏股票 & \times\times\times \\ \quad 現金 & \times\times\times \end{cases}$

例如：乙公司在 2/1，以每股 80 買回 4,000 股普通股。
說明：
現金 = 4,000 × 80 = 320,000。

2/1

$\begin{cases} 庫藏股 & 320,000 \\ \quad 現金 & \quad 320,000 \end{cases}$

買回庫藏股前：

乙公司	
2020 年 12 月 31 日	
資產負債表（部分）	
股東權益	
普通股股本	5,000,000
面額 10，已發行且流通在外 100,000 股	
保留盈餘	2,000,000
股東權益總額	7,000,000

買回庫藏股後：

乙公司	
2021 年 12 月 31 日	
資產負債表（部分）	
股東權益	
普通股股本	
面額 10，已發行 100,000 股且流通在外 96,000 股	5,000,000
保留盈餘	2,000,000
減：庫藏股（4,000 股）	320,000
股東權益總額	6,680,000

注意：甲公司買回庫藏股後，已發行股數不變，庫藏股則為股東權益的抵減科目。

二、庫藏股票之再發行

情況 1：再發行價格 > 庫藏股票買回成本

$$
\left\{
\begin{array}{lll}
現金 & \times\times\times & step(1) \\
\quad 庫藏股票 & \times\times\times & step(2) \\
\quad 庫藏股票交易 & \times\times\times & step(3)
\end{array}
\right.
$$

例如：假設乙公司在 7/1 以每股 100 出售 1,000 股，先前以每股 80 購回的庫藏股。分錄如下：

說明：

現金 = 1,000 × 100 = 100,000。

7/1
$$\begin{cases} 現金 & 100,000 \\ \quad 庫藏股 & 80,000 \\ \quad 庫藏股溢價 & 20,000 \end{cases}$$

情況 2：再發行價格 < 庫藏股票買回成本

$$\begin{cases} 現金 & \times\times\times & step(1) \\ 庫藏股票交易 & \times\times\times & step(2) \\ （保留盈餘） \\ \quad 庫藏股票 & \times\times\times & step(3) \end{cases}$$

例如：乙公司在 12/1 以每股 70 將所餘的 3,000 股庫藏股全部出售，先前以每股 80 購回的庫藏股。分錄如下：

說明：

現金 = 3,000 × 70 = 210,000。

12/1
$$\begin{cases} 現金 & 210,000 \\ 庫藏股溢價 & 20,000 \\ 保留盈餘 & 10,000 \\ \quad 庫藏股 & 240,000 \end{cases}$$

當公司將先前「庫藏股溢價」科目貸方餘額完全借記完後，公司需將不足之數借記「保留盈餘」。

在 7/1 有庫藏股溢價貸方餘額 20,000，全數沖銷後不足數為 240,000 – 210,000 – 20,000 = 10,000。將不足之數 10,000 以保留盈餘來沖銷，故借記保留盈餘 10,000。

現金股利 (cash dividend) 是以特定比例為基礎，分配給股東的現金。若公司欲分配現金股利，必須具備三個條件：

1. 來自保留盈餘

   必須從保留盈餘中分配現金股利，不可以從普通股股本餘額（法定資本）發放股利。若是從股本或股本溢價中宣告股利發放被視為是清算股利 (liquidating dividend)。這種股利將視同把股東的股本退回。

2. 充足的現金

   股利的合法性與發放股利之能力是兩件不同的事，在宣告現金股利前，董事會需小心考慮現在與未來的現金需求。若現有的流動負債過高，可能使公司不適合發放現金股利，因為應付現金股利本身就是流動負債。

3. 股利宣告

   除非董事會決定發放股利，否則公司不能發放。在股東會決定的時點，我們稱為董事會宣告股利。

   董事會有絕對的權利決定公司有多少錢要發放股利、多少錢要保留在公司。除非宣告股利發放，否則它不會成為公司負債。

▲處理股利問題時，有三個日期是重要的：1. 宣告日，2. 登記日，3. 發放日。

1. 宣告日

   董事會在宣告日 (declaration date) 正式宣告（批准）現金股利，並對股東宣布。

   現金股利之宣告承諾公司所需擔負的法律上責任，不能被撤銷。

   公司作分錄認列「現金股利」與「應付股利」負債之增加。

   使用更特定的科目「現金股利」，以區別其他形式之股利，如「股票股利 (share dividends)」。「應付股利」是流動負債，它正常將在

未來幾個月內支付。

2. 登記日

在登記日 (record date)，公司為了發放股利，需決定流通在外股票的所有權。

3. 發放日

在發放日 (payment date)，公司郵寄股利支票給股東，並記錄股利支付。

現金股利宣告與發放的累積效果是降低權益與總資產。

▲現金股利三個日期的記錄

宣告日：
$\begin{cases} \text{保留盈餘} \quad \times\times\times \\ \quad \text{應付股利} \quad \times\times\times \end{cases}$

應付股利放在流動負債項下。

登記日：公司不需作任何分錄。

發放日：
$\begin{cases} \text{應付股利} \quad \times\times\times \\ \quad \text{現金} \quad \times\times\times \end{cases}$

例如：2020 年 12 月 1 日，乙公司的董事會宣告每股 0.50 的現金股利，給予 100,000 股面額 10 的普通股。股利總額為 50,000(100,000 × 0.50)，登記日為 12 月 22 日，付款日是 2021 年 1 月 20 日。記錄這三個日期的分錄：

宣告日：

12/1 $\begin{cases} \text{保留盈餘} \quad 50,000 \\ \quad \text{應付股利} \quad 50,000 \end{cases}$

登記日：12/22，公司不需作任何分錄。

發放日：

1/20 $\begin{cases} \text{應付股利} \quad 50,000 \\ \quad \text{現金} \quad 50,000 \end{cases}$

12-8 特別股股利的會計處理

特別股股東有權在普通股股東之前收到股利,特別股股利通常以特別股面額或設定價值之百分比表示,大部分特別股在公司破產時,對公司資產有優先求償權。

▲累積股利

特別股經常包含累積股利 (cumulative dividend) 條款,在普通股股東收到股利前,特別股股東必須先收到今年與以前年度尚未償付之股利。

當特別股具累積條款時,在任一年度未宣告之特別股股利被稱為積欠股利。

當尚存在積欠特別股股利時,公司不能支付股利給普通股股東。

積欠股利並不被認列為負債。在董事會宣告股利前,公司沒有支付義務存在。

例如:乙公司有 5,000 股,7%,面額 100 的累積特別股流通在外。每年特別股股利為 35,000 (5,000 × 100 × 7%),但積欠兩年股利。在此例中,特別股股東今年度將收到的股利為:今年的股利+**積欠兩年股利** = 35,000 + **2 × 35,000** = 105,000。

▲特別股的股利優先權

例如:在 2019 年 12 月 31 日,乙公司有 1,000 股,8%,面額 100 的累積特別股。它也有 50,000 股面額 10 的普通股流通在外。在 2019 年 12 月 31 日,董事會宣告 6,000 現金股利,記錄此次股利宣告之分錄為:

說明:

特別股的股利:1,000 × 100 × 8% = 8,000,董事會宣告 6,000 現金股利。

在此情形下,由於特別股的股利優先權,所有宣告的股利都必須給特別股股東。

由於特別股累積的特性,在 2019 年將積欠 8,000 − 6,000 = 2,000 的特別股股利。在公司未來能支付給普通股股東股利前,公司必須先支付這些股利給特別股股東。

例如：在 2020 年 12 月 31 日，乙公司宣告 50,000 的現金股利。股利分配給兩種性質股票的情形如下：

總股利			50,000
分配給特別股 2019 年積欠 2,000		2,000	
2020 年股利 1,000 × 100 × 8% = 8,000		8,000	10,000
可分配給普通股的餘額			40,000

宣告日：

12/31　　保留盈餘　　50,000
　　　　　　應付股利　　　50,000

12-9 股票股利之會計處理

股票股利 (share dividend) 是公司以特定比例為基礎,將公司自己股票分配給股東。

當發放現金股利時,公司需支付現金,發放股票股利時,公司需發行股票。

股票股利會造成保留盈餘降低,股本與股本溢價增加。

不像現金股利,股票股利不會降低總權益與總資產,此外,每一個股東將擁有更多股票,但股東的股份所有權比例仍**維持不變**。

例如:乙公司發行 1,000 股,某甲持有 20 股,則其持股為 $\dfrac{20}{1,000}$ = 2%。如果乙公司發放 10% 的股票股利,即增加 1,000 × 10% = 100(股),乙公司的發行股數為 1,000 + 100 = 1,100(股)。

某甲持有 20 股,發放 10% 的股票股利,即增加 20 × 10% = 2(股),某甲的持有股數為 20 + 2 = 22(股),則其持股為 $\dfrac{22}{1,100}$ = 2%。

▲小額股票股利與大額股票股利

如果公司發行小額股票股利(小於公司已發行股數的 20% ~ 25%),每一股股利的價值被設為等於「市價」。

如果公司發行大額股票股利(大於公司已發行股數的 20% ~ 25%),每一股股利的價值被設為等於「面額」或「設定價值」。

例如:乙公司有保留盈餘餘額 3,000,000。它針對 50,000 股面額 100 的股票宣告 10% 的股票股利。目前股票市價為每股 150,記錄股票股利宣告之分錄如下:

說明:

股票股利的金額為:50,000 × 10% × 150 = 750,000。

待分配普通股股本:50,000 × 10% × 100 = 500,000。

普通股股本溢價 = 股票股利的金額 − 待分配普通股股本 = 750,000 − 500,000 = 250,000。

宣告日：

⎧ 保留盈餘　　　　　　 750,000
⎨ 　　待分配普通股股本　　 500,000
⎩ 　　普通股股本溢價　　　 250,000

注意：待分配普通股股本是放在普通股股本項下，上面的宣告日分錄是將「保留盈餘 750,000」等額轉入「投入資本 750,000」，所以股東權益維持不變。

發放日：

⎧ 待分配普通股股本　　 500,000
⎨ 　　普通股股本　　　　　 500,000
⎩

12-10 股票分割的會計處理

股票分割是將 1 股予以分割,例如:1 股分割成 2 股,1 股面額 10 變成 2 股面額 5,即 1 股 × 10 = 1 股 × 5 + 1 股 × 5。所以分割後,股數增加(由 1 股增加成 2 股)而總金額不變(原先是 1 × 10 = 10,分割後為 1 × 5 + 1 × 5 = 10)。

股票分割的目的:若原先 1 股的市價很高,一般的投資人較不易買進,若將它分割,可以使每股市價降低,大家就比較能買進,可以增加公司股票的**流動性**。

股票分割對市價的效果通常與股票分割的程度成反比,即分割的等份越高,則每股的市價就越低。

公司進行股票分割時,並**不需要**作分錄,因為分割後對股東權益總額不受影響。

▲股票股利與股票分割的比較

項目	股票股利	股票分割
股票面額	不變	減少
流通在外股數	增加	增加
保留盈餘	減少	不變
投入資本總額	增加	不變
股東權益總額	不變	不變
各股東持股比例	不變	不變

12-11 保留盈餘

保留盈餘 (retained earnings) 是公司保留以供未來使用之淨利。

一、保留盈餘的特性

1. 保留盈餘的餘額是股東對公司總資產要求權的一部分,因為它是股東權益總額的組成。
2. 保留盈餘並不代表對公司任何特定資產的求償權,負債才具有求償權。
3. 保留盈餘的金額也與任何資產科目的餘額無關。

二、影響保留盈餘的增減因素

1. 保留盈餘增加:本期淨利。
2. 保留盈餘減少:本期淨損、宣告現金股利、宣告股票股利、庫藏股交易（成本 > 售價）。

依本章節所介紹的股東權益內容，這是較簡易的股東權益項目。

乙公司		
2020 年 12 月 31 日		
資產負債表（部分）		
股東權益		
特別股股本		×××
普通股股本	×××	
待分配普通股股本	<u>×××</u>	×××
特別股股本溢價	×××	
普通股股本溢價	<u>×××</u>	×××
保留盈餘		×××
減：庫藏股		<u>×××</u>
股東權益總額		<u>×××</u>

▲普通股的每股帳面金額之計算

情況 1：公司僅有普通股流通在外時，

$$每股帳面價值 = \frac{股東權益總數}{普通股流通在外股數}。$$

例如：乙公司的股東權益總額為 15,000，其中普通股股本 10,000 與保留盈餘 5,000，現有 500 股普通股流通在外，則每股帳面價值為何？

說明：

$$每股帳面價值 = \frac{15,000}{500} = 30。$$

情況 2：公司同時有特別股與普通股流通在外時，特別股股東權益 = 特別股收回價值 + 特別股之積欠股利，

$$每股帳面價值 = \frac{股東權益總數 - 特別股股東權益}{普通股流通在外股數}。$$

例如：股東權益為 180,000、普通股股本 50,000（5,000 股）、特別股股本 10,000（1,000 股），則普通股每股帳面價值為何？

說明 ：

$$每股帳面金額 = \frac{股東權益總數 - 特別股股東權益}{普通股流通在外股數} = \frac{180,000 - 10,000}{5,000}$$

$$= 34。$$

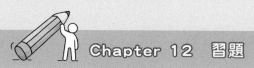

(　　) 1. 下列哪一事項可能會導致資本公積之金額變動？

　　　　(A) 發放現金股利　　　　　　(B) 前期損益調整

　　　　(C) 提撥法定盈餘公積　　　　(D) 庫藏股票交易。

　　　　　　　　　　　　　　　　【普 109-4】【普 110-1】【普 110-2】

(　　) 2. 富里公司股票已發行 1,000,000 股，原以每股 $120 價格出售，票面金額每股 $10；設今每股帳面價值 $100，則資產負債表權益中股本金額為：

　　　　(A)$11,100,000　　　　　　(B)$10,000,000

　　　　(C)$100,000,000　　　　　 (D)$111,000,000。

　　　　　　　　　　　　　　　　　　　　　　【普 108-3】【普 109-4】

(　　) 3. 中華公司於 X9 年 7 月 1 日發行股票 2,000 股，每股面額 $10 取得一機器設備，經查該日該項設備之帳面金額為 $25,000（原成本 $40,000 －累計折舊 $15,000），市價為 $30,000，則中華公司應認列此資產：

　　　　(A)$40,000　　　　　　　　(B)$20,000

　　　　(C)$25,000　　　　　　　　(D)$30,000。　　　【普 110-1】

(　　) 4. 依員工認股計畫買回之庫藏股，若逾期未轉讓予員工，則應如何處理？

　　　　(A) 列為長期投資　　　　　　(B) 列為股本之減項

　　　　(C) 辦理減資　　　　　　　　(D) 列為短期投資。

　　　　　　　　　　　　　　　　　　　　　　【普 108-4】【普 109-1】

(　　) 5. 下列有關庫藏股的敘述，何者正確？

　　　　(A) 庫藏股會影響公司的核准發行股數

　　　　(B) 庫藏股會影響公司的已發行股數

　　　　(C) 庫藏股會影響公司的每股盈餘

　　　　(D) 庫藏股應視為公司的長期投資。　　　　【普 110-2】

（　　） 6. 公司賣出庫藏股票價格如果較原先取得價格高時，對於財務報表之影響為何？
(A) 將產生利益
(B) 將增加損失
(C) 將使權益增加
(D) 可作為股本加項。
【普 109-4】【普 110-3】【普 111-1】

（　　） 7. 下列何者是對的？
(A) 流通在外股數＋庫藏股股數＝發行股數
(B) 流通在外股數＋庫藏股股數＝額定股數
(C) 流通在外股數＋特別股股數＝額定股數
(D) 流通在外股數＋特別股股數＝發行股數。　　【普 109-2】

（　　） 8. 下列何項目彌補虧損，嗣後有盈餘時須再還回原科目？
(A) 股票發行溢價
(B) 資產重估增值
(C) 保留盈餘
(D) 處分資產溢價。
【普 109-4】

（　　） 9. 前期損益調整應置於：
(A) 資產負債表「權益」項下
(B) 保留盈餘表「期初保留盈餘」項下
(C) 以附註方式揭露即可
(D) 列於綜合損益表「非常損益」項下。　　【普 108-1】

（　　）10. 法定盈餘公積之性質屬於：
(A) 營運資金之一部分
(B) 特別準備負債之一部分
(C) 保留盈餘之一部分
(D) 資本公積之一部分。
【普 108-1】

（　　）11. 追溯重編影響數應置於：
(A) 資產負債表「權益」項下
(B) 保留盈餘表「期初保留盈餘」項下
(C) 以附註方式揭露即可
(D) 列於綜合損益表「非常損益」項下。　　【普 109-3】

（　）12. 下列何者會使保留盈餘增加？
　　　(A) 公司重整沖銷資產　　　　　(B) 股利分配
　　　(C) 前期收益調整　　　　　　　(D) 選項 (A)、(B)、(C) 皆非。

【普 108-4】

（　）13. 下列何者將使未提撥保留盈餘增加？
　　　(A) 本期淨損　　　　　　　　　(B) 前期淨利低估
　　　(C) 宣告現金股利　　　　　　　(D) 宣告股票股利。

【普 108-2】【普 108-3】【普 109-4】

（　）14. 按面值發放股票股利給股東，會使公司：
　　　(A) 權益增加
　　　(B) 權益減少
　　　(C) 保留盈餘、股本及權益均不變
　　　(D) 保留盈餘減少、股本增加，權益不變。

【普 109-1】【普 110-1】

（　）15. 發放股票股利及股票分割後，下列敘述何者錯誤？
　　　(A) 股票分割的目的是為了便於流通
　　　(B) 股票股利不改變股票面額
　　　(C) 股票股利使得股本增加
　　　(D) 股票股利與股票分割皆不用作分錄。

【普 108-4】【普 109-4】【普 110-2】

（　）16. 待分配股票股利在資產負債表上，應列於：
　　　(A) 流動資產　　　　　　　　　(B) 流動負債
　　　(C) 權益　　　　　　　　　　　(D) 長期負債。　　【普 108-1】

（　）17. 下列敘述何者正確？
　　　(A) 進行股票分割將使每股面額與流通在外股數增加
　　　(B) 已宣告未發放之現金股利為公司之流動負債
　　　(C) 發放股票股利將使現金減少
　　　(D) 發放股票股利將使權益總數減少。

【普 109-2】【普 110-1】

（　　）18. 「已認股本」於資產負債表中應列為：
(A) 非流動資產 　　　　　　　　(B) 資本公積
(C) 法定資本 　　　　　　　　　(D) 權益減項。
【普 108-1】【普 108-2】

（　　）19. 公司發放股票股利將使：
(A) 資產減少 　　　　　　　　　(B) 負債減少
(C) 權益減少 　　　　　　　　　(D) 權益不變。
【普 108-4】【普 109-2】【普 109-3】【普 110-1】

（　　）20. 股票發行之溢價應列入：
(A) 股本 　　　　　　　　　　　(B) 資本公積
(C) 保留盈餘 　　　　　　　　　(D) 其他綜合損益。
【普 109-2】【普 109-3】

（　　）21. 股票發行之溢價應列入：
(A) 股本 　　　　　　　　　　　(B) 資本公積
(C) 保留盈餘 　　　　　　　　　(D) 營業外收入。　　【普 108-2】

（　　）22. 立力公司有 35,000 股普通股流通在外，發行面額為 $10。另有按面額 $100 發行之 5% 累積特別股 5,000 股流通在外。立力公司過去四年及今年皆未發放股利，若本年度預宣告發放 $100,000 之股利，則今年底分配給特別股之股利是多少？
(A)$150,000 　　　　　　　　　(B)$125,000
(C)$360,000 　　　　　　　　　(D)$100,000。
【普 109-1】【普 109-2】【普 109-3】

（　　）23. 普通股每股損失 $2，分配 20% 股票股利將使每股損失：
(A) 減少 　　　　　　　　　　　(B) 增加
(C) 不變 　　　　　　　　　　　(D) 不一定。　　【普 108-3】

（　　）24. 已宣告而未發放之股票股利屬於下列何類項目？
(A) 資產 　　　　　　　　　　　(B) 流動負債
(C) 長期負債 　　　　　　　　　(D) 權益。　　【普 109-1】

（　）25. 下列何事項不影響普通股每股帳面價值？
   (A) 發放普通股股票股利，當時普通股市價與面額相等
   (B) 發放普通股股票股利，當時普通股市價高於面額
   (C) 普通股 1 股分割為 2 股
   (D) 發放已宣告之現金股利。　　　　　　　　　　　【普 109-1】

（　）26. 普通股權益與流通在外普通股股數之比，可了解每股股票的：
   (A) 帳面金額　　　　　　　　(B) 票面價值
   (C) 市場價值　　　　　　　　(D) 清算價值。
   　　　　　　　　　　　　　　　　　　【普 109-3】【普 111-1】

（　）27. 下列何者不屬於權益項目？
   (A) 股本　　　　　　　　　　(B) 應付現金股利
   (C) 保留盈餘　　　　　　　　(D) 資本公積。
   　　　　　　　　　　　　　【高 108-4】【高 109-4】【高 110-1】

（　）28. 下列何者會使權益總額發生變動？
   (A) 辦理資產重估增值
   (B) 以資本公積彌補虧損
   (C) 宣告股票股利
   (D) 自保留盈餘提撥意外損失準備公積。
   　　　　　　　　　　　　　　　　　　【高 108-1】【高 108-3】

（　）29. 下列何者非為權益項目？
   (A) 庫藏股　　　　　　　　　(B) 特別盈餘公積
   (C) 償債基金　　　　　　　　(D) 保留盈餘。　　【高 108-1】

（　）30. 下列的會計處理，何者正確？
   (A) 公司宣布發放股票股利時，分錄中「待分配股票股利」已列入負債科目
   (B) 處分不動產、廠房及設備的收益，應以稅後淨額轉入資本公積，不列為當年度的營業外收入
   (C) 投資以後年度收到被投資公司所發放的股票股利時，以股利

收入入帳，列為營業外收入

(D) 公司發行累積特別股，其積欠股利未列入負債，僅以附註揭露。　　　　　　　　　　　　　　　　　【高 110-1】

(　　) 31. 下列敘述何者錯誤？

(A) 發放普通股股票股利會降低普通股每股帳面金額

(B) 股票股利發放後，企業現金會減少

(C) 積欠累積優先股股利不須入帳，僅附註揭露

(D) 股票分割會降低普通股每股帳面金額。　　　　　　【高 109-1】

(　　) 32. 下列敘述何者正確？

(A) 庫藏股交易可能減少但不會增加保留盈餘

(B) 庫藏股交易可能減少但不會增加資本公積

(C) 庫藏股交易可能減少但不會增加本期淨利

(D) 庫藏股成本應列為保留盈餘之加項。　　　　　　【高 110-2】

(　　) 33. 企業買回流通在外股票，如果未再賣出，而買價高於報導期間結束時該股票市場價格，下列何者之帳面金額會下降？

(A) 當期稅後淨利　　　　　　　(B) 權益

(C) 庫藏股帳面金額　　　　　　(D) 資本公積。

【高 108-3】【高 109-1】

(　　) 34. 企業買回流通在外股票並再發行，如果買回價高於再發行價，下列何者帳面金額會下降？

(A) 當期稅後淨利　　　　　　　(B) 庫藏股每股帳面金額

(C) 權益　　　　　　　　　　　(D) 普通股發行溢價。

【高 109-3】

(　　) 35. 保安公司權益的帳面金額資料如下：普通股股本（面額為 $10）$100,000、資本公積 $104,000、保留盈餘 $200,000、庫藏股（成本法）$50,000，合計 $354,000，假設公司再以每股 $15 的價錢出售庫藏股 5,000 股，則股本的金額將為：

(A)$50,000　　　　　　　　　(B)$75,000

(C)$100,000　　　　　　　　(D)$175,000。　　【高 109-3】

（　）36. 採用成本法的企業在公開市場上買回自己公司的股票時，會影響
到下列哪一個項目？
(A) 股本
(B) 現金
(C) 保留盈餘
(D) 資本公積。　　【高 108-3】

（　）37. 公司買回庫藏股採成本法處理時，有關庫藏股之入帳金額，以下
何者敘述正確？
(A) 若以市價購回，則應以購入之市價入帳
(B) 若以市價購回，則仍應以面額入帳，差額為資本公積
(C) 若以市價購回，則仍應以面額入帳，差額為票券買賣損益
(D) 若以市價購回，購買價格與面額的差價應認列其他收入。

【高 108-4】

（　）38. 買回庫藏股後，交易採用成本法處理，若買回價格高於面額，將
使權益總數？
(A) 增加
(B) 減少
(C) 不變
(D) 或增或減視情況而定。

【高 109-3】

（　）39. 下列何者分錄與保留盈餘有關？
(A) 宣告發放現金股利
(B) 實際發放現金股利
(C) 宣告作股票分割
(D) 實際作股票分割。

【高 108-1】【高 108-2】【高 108-3】

（　）40. 下列何者不會影響公司流通在外普通股之股數？
(A) 宣告並發放現金股利
(B) 宣告並發放盈餘轉增資股票股利
(C) 宣告並發放資本公積轉增資股票股利
(D) 股票分割。　　【高 109-4】

（　）41. 公司宣告並發放現金股利，則：
(A) 純益增加
(B) 營運現金流量增加
(C) 現金減少
(D) 選項 (A)、(B)、(C) 皆是。

【高 110-1】

（　）42. 大村公司發行面額 $100，3% 累積優先股 20,000 股，及面額 $10 普通股 200,000 股，保留盈餘 $250,000，且已經兩年未發放股利，今年底可供作為發放普通股利之金額為：
(A)$110,000　　　　　　　　(B)$120,000
(C)$130,000　　　　　　　　(D)$70,000。　　【高 109-3】

（　）43. 投資公司收到被投資公司所發放的股票股利時，應：
(A) 貸記股利收入　　　　　　(B) 不作分錄，僅作備忘記錄
(C) 貸記投資收益　　　　　　(D) 貸記股本。　　【高 110-1】

（　）44. 田中公司於 X1 年 1 月 1 日按溢價 20% 發行 20,000 股，每股面值 $10 的普通股，若 X1 年 12 月 14 日發放 10% 股票股利，則該項股票股利將造成 12 月 31 日結帳時：
(A) 流動負債增加與保留盈餘減少
(B) 權益不變與股本增加
(C) 權益增加與保留盈餘減少
(D) 每股面值下跌與流通在外股數增加。　　【高 108-2】

（　）45. 富岡公司持有新豐公司股票 10,000 股，每股面額 $10。新豐公司於 X1 年 4 月 1 日宣告將發放 $2 股票股利，當日新豐公司股票市價為每股 $40。富岡公司於 4 月 1 日應認列收入：
(A)$20,000　　　　　　　　(B)$80,000
(C)$60,000　　　　　　　　(D)$0。　　【高 109-4】

（　）46. 累積特別股之積欠股利在資產負債表上如何表達？
(A) 列為權益　　　　　　　　(B) 列為長期負債
(C) 列為流動負債　　　　　　(D) 以附註說明。
　　　　　　　　　　　　　　　　【高 108-1】【高 108-3】

（　）47. 秋田公司宣告並發放所持有的 100,000 股福島公司股票作為財產股利，當時帳列之福島公司股票成本為每股 $20，市價則為每股 $30，而福島公司股票面額為每股 $10。假設宮城公司收到 1,000 股福島公司股票，則宮城公司應認列之股利收入金額為：

(A)$10,000 (B)$20,000

(C)$30,000 (D) 依福島公司每股淨值而定。

【高 109-1】

( ) 48. 香川公司發放去年宣告的現金股利，則：

(A) 總資產報酬率不變 (B) 權益報酬率不變

(C) 長期資本報酬率增加 (D) 權益成長率下降。

【高 109-2】

( ) 49. 下列敘述何者錯誤？

(A) 發放普通股股票股利會降低普通股每股帳面金額

(B) 股票股利發放後，企業現金會減少

(C) 積欠累積優先股股利不須入帳，僅附註揭露

(D) 股票分割會降低普通股每股帳面金額。 【高 108-3】

( ) 50. 請由以下通宵企業的財務資料，計算出該企業普通股的每股權益帳面金額：總資產 $250,000、淨值 $180,000、普通股股本 $50,000（5,000 股）、特別股股本 $10,000（1,000 股）

(A)$34 (B)$30

(C)$24 (D)$20。 【高 109-4】

( ) 51. 下列有關普通股每股淨值的敘述，何者正確？甲、每股淨值不能低於每股之面額；乙、每股淨值不能為負值；丙、每股淨值為總資產除以流通在外股數；丁、每股淨值等於普通股權益除以流通在外股數

(A) 僅甲和乙 (B) 僅乙和丙

(C) 僅乙和丁 (D) 僅丁。 【高 109-4】

( ) 52. 下列有關每股帳面金額的敘述何者最正確？

(A) 每股市價是每股帳面金額的最佳估計數

(B) 每股帳面金額是反應企業過去的財務資訊，而每股市價主要是反應投資人對企業未來獲利的預期

(C) 每股市價大於每股帳面金額是股價被高估的徵兆

(D) 每股帳面金額代表當公司被另外一家公司收購時，每位股東
每股可能分配到的補償。　　　　　　　　　　【高 108-4】

（　）53. 花壇公司 X1 年底權益內容為普通股股本 $3,000,000，股本溢價
$600,000，法定盈餘公積 $600,000，累積盈餘 $300,000，若有
普通股 300,000 股流通在外，則 X1 年底每股帳面金額為：
(A)$10　　　　　　　　　　(B)$12
(C)$14　　　　　　　　　　(D)$15。　　　　　　【高 109-3】

1.(D)　2.(B)　3.(D)　4.(C)　5.(C)　6.(C)　7.(A)　8.(B)　9.(B)　10.(C)

11.(B)　12.(C)　13.(B)　14.(D)　15.(D)　16.(C)　17.(B)　18.(C)

19.(D)　20.(B)　21.(B)　22.(D)　23.(A)　24.(D)　25.(D)　26.(A)

27.(B)　28.(A)　29.(C)　30.(D)　31.(B)　32.(A)　33.(B)　34.(C)

35.(C)　36.(B)　37.(A)　38.(B)　39.(A)　40.(A)　41.(C)　42.(D)

43.(B)　44.(B)　45.(D)　46.(D)　47.(C)　48.(B)　49.(B)　50.(A)

51.(D)　52.(B)　53.(D)

● Chapter 12　習題解析

1. 資本公積包括：1. 股票發行溢價、2. 庫藏股票交易、3. 股票收回註銷、4. 股票、5. 特別股轉換。

2. 股本是以面額 $10 入帳，故股本金額為股數 × 面額 $10，即 1,000,000 × $10 = $10,000,000。

3. 應該以當時的市價 $30,000 作為機器設備的成本。

4. 逾期未轉讓給員工，則需將庫藏股註銷，即辦理減資。

5. 庫藏股將使流通在外的股數減少，使得每股盈餘增加。

6. 再發行價格 > 庫藏股買回成本，差異數列為將有資本公積—庫藏股票交易，屬於股權項下，將使股權增加。

7. 發行股數包括流通在外股數＋庫藏股股數。

8. 公司曾以資產重估增值之資本公積彌補虧損，嗣後有盈餘年度，應先提列特別盈餘公積或將已彌補虧損之資產增值準備轉回。

9. 前期損益調整（以稅後淨額）放置在保留盈餘表「期初保留盈餘」項下。

10. 保留盈餘包括法定盈餘公積、特別盈餘公積與未指撥保留盈餘。

11. 追溯重編影響數放置在保留盈餘表「期初保留盈餘」項下。

12. 使保留盈餘增加：(1) 本期淨利、(2) 前期損益調整（稅後淨額）。

13. 前期淨利低估，則需前期損益調整，將使未提撥保留盈餘增加。

14. 發放股票股利得分錄如下：$\left\{\begin{array}{ll} 保留盈餘 & ××× \\ 普通股股本 & ××× \end{array}\right.$，

將使保留盈餘減少，股本增加，而股東權益是保留盈餘、資本公積與股本的總和，故股東權益不變。

15. 發放股票股利要作正式分錄，股票分割則不用作分錄。

16. 待分配股票股利是放在股東權益項下。

17. 宣告日 $\begin{cases} 保留盈餘 & \times\times\times \\ 應付股利 & \times\times\times \end{cases}$，應付股利放在流動資產項下。

18. 股本：指公司向主管機關辦理登記之資本額，即「法定資本」，非經增資或減資手續，不得任意增減。

19. 假設採市價法發放分錄：$\begin{cases} 保留盈餘 & \times\times\times \\ 普通股股本 & \times\times\times \\ 普通股溢價 & \times\times\times \end{cases}$，

使將保留盈餘減少，股本增加，故權益不變。

20. 發行分錄：$\begin{cases} 現金 & \times\times\times \\ 普通股股本 & \times\times\times \\ 普通股溢價 & \times\times\times \end{cases}$，發行溢價以普通股溢價。

21. 股票發行溢價應列入資本公積項下。

22. 每年特別股股利 = 100 × 5,000 × 0.05 = 25,000，

今年＋過去四年的累積股利 = 5 × 25,000 = 125,000，今年宣告發放股利 100,000。

故全數 100,000 發放給特別股。

23. 假設僅有 1 股，現分配 20% 股票股利，即 1 × (1 + 0.2) = 1.2（股）。

原先 1 股損失 \$2，現在 1 股損失 \$1.67（$\dfrac{2}{1.2}$）。即分配股票股利後將使每股損失減少。

24. 以「待分配股票股利」科目，放在權益項下。

25. 發放已宣告之現金股利，僅影響流動資產與流動負債同等額減少，不會影響股東權益，故普通股的每股帳面價值不受影響。

26. 帳面金額 = $\dfrac{普通股權益}{流通在外普通股股數}$。

27. 應付現金股利乃流動負債項下。

28. 重估增值 $\begin{cases} 設備 \\ \quad 資產重估增值 \end{cases}$，資產重估增值列入股東權益總額。

29. 償債基金是資產類的其他非流動資產。償債基金準備是股東權益類。

30. (A) 待分配股票股利應列在股本項下。

(B) 處分不動產、廠房及設備的收益，應列在綜合損益表的非常項目。

(C) 僅作備忘分錄。

31. 股票股利發放後，股本增加，保留盈餘減少，但股東權益總數不變。

32. 庫藏股交易時，有損失時，會先從資本公積裡面拿來用，再不足，就會用到保留盈餘，但有利益時，會進到資本公積，絕不會進到保留盈餘，因此，保留盈餘只會減少，但不會增加。

33. 庫藏股於資產負債表中是作為股東權益的減項，所以庫藏股的買入將造成股東權益的帳面價值減少。

34. 庫藏股於資產負債表中是作為股東權益的減項，所以庫藏股的買入將造成股東權益的帳面價值減少。

35. 出售庫藏股分錄：$\begin{cases} 現金 \qquad \times\times\times \\ \quad 庫藏股 \qquad \times\times\times \\ \quad 資本公積 \qquad \times\times\times \end{cases}$

原股本金額為：普通股股本 100,000。

出售庫藏股後：普通股股本 100,000。

36. 採成本法購入分錄：$\begin{cases} 庫藏股票 \\ \quad 現金 \end{cases}$，影響流動資產減少，股東權益減少。

37. 採成本法購入分錄：$\begin{cases} 庫藏股票 \\ \quad 現金 \end{cases}$

出售分錄：$\begin{cases} 現金 \\ \quad 庫藏股 \quad 或 \\ \quad 資本公積 \end{cases} \begin{cases} 現金 \\ \quad 庫藏股 \\ \quad 資本公積 \\ \quad 保留盈餘 \end{cases}$

38. 庫藏股於資產負債表中是作為股東權益的減項，所以庫藏股的買入將造

成股東權益的帳面價值減少。

39. 宣告發放現金股利分錄：$\begin{cases} 應付股利 \\ \quad 現金 \end{cases}$，影響保留盈餘的減少。

40. 宣告並發放現金股利分錄：$\begin{cases} 保留盈餘 \\ \quad 現金 \end{cases}$，影響保留盈餘減少，流動資產減少。

41. 宣告並發放現金股利則分錄為：$\begin{cases} 現金 \quad\quad\quad 75,000 \\ \quad 庫藏股 \quad\quad 50,000 \\ \quad 資本公積 \quad 25,000 \end{cases}$，即現金和保留盈餘減少。

42. 特別股股利（每年）：100 × 3% × 20,000 = 60,000，3 年的特別股股利為 3 × 60,000 = 180,000。

普通股可分配的股利 = 保留盈餘 − 3 年的特別股股利 = 250,000 − 180,000 = 70,000。

43. 收到股票股利，不作正式分錄，僅作備忘記錄。

44. 股票股利：20,000 × 10 × 10% = 20,000。

宣告日的分錄：$\begin{cases} 保留盈餘 \quad\quad\quad 20,000 \\ \quad 應分配股票股利 \quad 20,000 \end{cases}$

A	L
	股本↑ 20,000
	保留盈餘↓ 20,000
	股東權益不變

45. 收到股票股利，不作正式分錄，僅作備忘分錄。

46. 累積特別股所積欠的股利僅作附註說明。

47. 投資公司（宮城公司）收到的股利收入應以市價認列，即 1,000（股）× 30（市價）= 30,000。

48. 發放宣告的現金股利分錄：$\begin{cases} 應付股利 \\ \quad 現金 \end{cases}$ 影響，流動負債減少，流動資產減少。

49. 股票股利發放後，股本增加，保留盈餘減少，但股東權益總數不變。

50. 普通股每股淨值（每股帳面金額）$= \dfrac{普通股股東權益總額}{在外流通股數}$

$$= \dfrac{180,000 - 10,000}{5,000}$$

$$= 34。$$

51. 普通股每股淨值 $= \dfrac{普通股權益}{普通股流通在外股數}$。

52. 每股帳面金額 $= \dfrac{股東權益總額}{流通在外股數}$。

53. 每股帳面金額 $= \dfrac{股東權益總額}{流通在外股數}$

$$= \dfrac{3,000,000 + 600,000 + 600,000 + 300,000}{300,000}$$

$$= 15。$$

Chapter 13

投資

13-1　金融資產的定義

　　企業透過金融工具之投資以獲取收益，或取得對其他企業之控制或影響以利營運。所謂金融工具指一方產生**金融資產**，另一方同時產生**金融負債**或**權益工具**的合約。

　　例如：甲公司發行公司債取得資金，而被乙公司所購買，公司債為金融工具，對甲公司而言，屬於金融負債，對乙公司而言，這個長期投資是屬於金融資產。

　　例如：丙公司發行股票取得資金，而被丁公司所購買，股票為金融工具，對丙公司而言，屬於權益工具，對丁公司而言，這個長期投資是屬於金融資產。

13-2 公司投資的理由

公司投資債務與權益證券通常基於以下三種理由：

1. 公司可能沒有立即購買營運資產的需求而有**過剩現金**，例如：臨時性的多餘現金，公司會選擇購買低風險且流動性高的金融商品。

2. 公司想要賺取**投資收益**，例如：公司的財務部門將多餘的資金，從事金融商品的投資。

3. 公司為了**策略性理由**而投資，例如：買進該公司大額的股份，成為買進公司的大股東。

13-3 金融資產的分類

一、何謂金融資產

IFRS 9 要求公司應依其經營模式判斷如何衡量其金融資產。

經營模式係指一個公司如何衡量其金融資產，用來收取合約現金流量或用來賺取可能的增值之績效。表示公司所購買的金融商品動機是按該商品的契約，賺取利息收入或現金股利，還是以賺取價差為目的。

二、金融工具的分類

金融工具可分為**債權商品**及**權益類商品**：

1. **債權商品**：它的投資人是發行公司的「債權人」，可收取公司固定的利息收入與到期償還的本金。例如：政府公債、公司債與可轉換公司債。

2. **權益類商品**：它的投資人是發行公司的「股東」，主要係持有供交易以賺取資本利得或收取股利收入，或欲控制（影響）被投資公司。例如：普通股、特別股。

金融工具 ⎰ 債權商品：政府公債、公司債與可轉換公司債。
　　　　 ⎱ 權益類商品：普通股、特別股。

13-4 債券投資

▲債券投資的目的

當公司購買債券當投資工具,那持有該債券的目的為何?我們把債券買入至到期還本這段期間,區分成三個時間點來討論:依序是①持有且隨時準備出售→②可能持有至到期日或中途出售→③持有至到期日。

債券投資的目的	會計的處理	期末評價
①持有至到期日(一直抱到債券到期,中間只領利息,到期還本金)。	攤銷後成本衡量	以該債券攤銷溢折價後的帳面價值作為衡量。
②可能持有至到期日或中途出售(若有賺價差的機會就出售,若沒有賺價差的機會就抱到到期日)。	透過其他綜合損益按公允價值衡量 (FVTOCI)	以該債券的期末公允價值作為衡量,而帳面價值與公允價值的差額,則列在其他綜合損益項下。
③持有供交易(隨時準備出售,賺取價差)。	透過損益按公允價值衡量 (FVTPL)	以該債券的期末公允價值作為衡量,而帳面價值與公允價值的差額,則列在營業外收入及支出項下。

【①以該債券攤銷溢、折價後的帳面價值作為衡量:它是指投資人當初買入公司債可能高於面額或低於面額,所以要在公司債存續期間作折溢價分攤,到期就以面額收回本金,沒有贖回損益的問題存在。】

【③透過損益按公允價值衡量 (FVTPL):因為隨時要賣掉,只要投資標的帳面價值與市價有差異就立即承認投資損益,所以投資損益是放在營業外收入及支出項下,也就是指要是比市價低馬上承認投資損失,雖然還抱在手

上。由於投資損益是期末馬上調整與認列，直到出售那一天，也是先作投資損益認列，再作收款沖銷分錄。】

【②透過其他綜合損益按公允價值衡量(FVTOCI)：持有期間若有較高的價差可能會處分，若沒有較高的價差就續抱，有可能就抱到到期日，但是持有期間縱使有價差還是要加以記錄，即投資標的帳面價值與市價有差異就要承認投資損益，但是該投資損益是暫時放在其他綜合損益項下，期末時再把它從其他綜合損益項下轉到股東權益項下的「累計其他綜合損益」，直到出售那一天，再把「累計其他綜合損益」轉到「透過其他綜合損益按公允價值衡量之金融資產之出售利益─債券」。】

一、債券投資，持有至到期日：採用「攤銷後成本衡量」的釋例

(一) 記錄債券以成本取得

假設，甲公司在 2020 年 1 月 1 日以成本 20,000 取得 20 張丁公司 8%、5 年期、面額 1,000 的債券。每年 7 月 1 日和 1 月 1 日支付利息，市場利率為 8%。該債券投資是採用攤銷後成本衡量金融資產。此項投資的分錄如下：

說明：20（張）× 1,000 = 20,000。

1/1	攤銷後成本衡量之金融資產	20,000	
	現金		20,000

(二) 記錄債券利息

甲公司記錄在 2020 年 7 月 1 日收到第一次半年期利息，分錄如下：

說明：1/1~7/1 的利息收入 1,000 × 8% × 1/2 × 20（張）= 800。

7/1	現金	800	
	利息收入		800

如果甲公司的會計年度在 12 月 31 日結束，則利息收入的調整分錄如下：

說明：7/1~12/31 的利息收入 1,000 × 8% × 1/2 × 20（張）= 800。

12/31	應收利息	800	
	利息收入		800

資產負債表	
甲公司	
2020 年 12 月 31 日	
非流動資產	
攤銷後成本衡量之金融資產	20,000
流動負債	
應收利息	800

綜合損益表	
甲公司	
2020 年 1 月 1 日至 2020 年 12 月 31 日	
營業外收入及支出	
利息收入	1,600*

*800 (1/1~7/1) + 800 (7/1~12/31) = 1,600。

(三) 記錄期末以帳面價值衡量

甲公司在 2021 年 1 月 1 日收到的利息，分錄如下：

1/1　　現金　　　　800
　　　　　應收利息　　　800

(四) 記錄債券到期本金償還

假設甲公司持有債券至到期日 2025 年 1 月 1 日，分錄如下：

1/1　　現金　　　　　　　　　　20,000
　　　　　攤銷後成本衡量之金融資產　　20,000

這個分錄把債券投資在非流動資產項下的科目**結清**了。

二、債券投資，可能持有至到期日或出售：採用「透過其他綜合損益按公允價值衡量 (FVTOCI)」的釋例

(一) 記錄債券以成本取得

假設，己公司在 2020 年 1 月 1 日以成本 30,000 取得 30 張庚公司 8%、5 年期、面額 1,000 的債券。每年 7 月 1 日和 1 月 1 日支付利息，市場利率為 8%。該債券投資採用透過其他綜合損益按公允價值衡量之金融資產，分錄如下：

說明：

債券投資取得成本 30（張）× 1,000 = 30,000。

| 1/1 | 透過其他綜合損益按公允價值衡量之金融資產—債券 | 30,000 | |
| | 現金 | | 30,000 |

(二) 記錄債券利息

己公司在 2020 年 7 月 1 日記錄利息收入，債券的面額為 1,000，票面利率為 8%，一共投資購買 30 張，分錄如下：

說明：

1/1~7/1 利息收入 1,000 × 8% × 1/2 × 30（張）= 1,200。

| 7/1 | 現金 | 1,200 | |
| | 利息收入 | | 1,200 |

如果己公司的會計年度在 12 月 31 日結束，則利息收入的調整分錄如下：

說明：7/1~12/31 的利息收入 1,000 × 8% × 1/2 × 30（張）= 1,200。

| 12/31 | 應收利息 | 1,200 | |
| | 利息收入 | | 1,200 |

(三) 期末以公允價值衡量

在 2020 年底，庚公司債券之公允價值為 32,500，己公司債券投資的帳面金額為 30,000，己公司期末以公允價值衡量債券投資，則調整分錄如下：

說明：

公允價值 = 32,500，帳面價值 = 30,000，公允價值 － 帳面價值 = 32,500 – 30,000 = 2,500。

12/31 ｛ 公允價值之評價調整－透過其他綜合損益按公允價值衡量之金融資產　2,500
　　　　　未實現持有損益－其他綜合損益　　　　　　　　　　　　　　　　2,500

再將「未實現持有損益－其他綜合損益」科目結轉至「累計其他綜合損益」的結帳分錄如下：

12/31 ｛ 未實現持有損益－其他綜合損益　　　2,500
　　　　　累計其他綜合損益　　　　　　　　　　　　2,500

注意：這個步驟是「未實現持有損益－其他綜合損益」與「未實現持有損益－損益」最大的差異處。「未實現持有損益－其他綜合損益」期末時是從其他綜合損益項下結轉到權益項下的「累計其他綜合損益」，而「未實現持有損益－損益」則直接列在營業外收入及支出項下，前者是該債券投資可能持有到期或出售，後者是該債券投資隨時會出售。

綜合損益表	
己公司	
2020 年 1 月 1 日至 2020 年 12 月 31 日	
營業外收入及支出	
利息收入	2,400*
本期淨利	×××
其他綜合損益	
未實現持有損益－其他綜合損益	2,500**
綜合淨利	×××

* 1,200（1/1~7/1）+ 1,200（7/1~12/31）= 2,400。

** 把「未實現持有損益－其他綜合損益」結轉到權益項下的「累計其他綜合損益」。

資產負債表
己公司
2020 年 12 月 31 日

非流動資產

透過其他綜合損益按公允價值衡量之金融資產—股票	30,000
加：公允價值之評價調整—透過其他綜合損益按公允價值衡量之金融資產	2,500
	32,500

股東權益

累計其他綜合損益	2,500

(四) 記錄出售債券

假設己公司在 2021 年 1 月 1 日收到利息後，以 34,500 賣出庚公司所有債券，出售價格視同公允價值，而原帳面價值為 32,500，仍將帳面價值調整成公允價值，除了作 1/1 的利息收現分錄外，再作公允價值衡量的調整分錄。

說明：利息收現

1/1
$$\begin{cases} \text{現金} & 1,200 \\ \quad \text{應收利息} & 1,200 \end{cases}$$

公允價值 = 34,500，帳面價值 = 32,500，公允價值 − 帳面價值 = 34,500 − 32,500 = 2,000。

$$\begin{cases} \text{公允價值之評價調整—透過其他綜合損益按公允價值衡量之金融資產} & 2,000 \\ \quad \text{未實現持有損益—其他綜合損益} & 2,000 \end{cases}$$

將帳面價值調整到公允價值後，己公司記錄收到出售價款分錄如下：

2/1
$$\begin{cases} \text{現金} & 34,500 \\ \quad \text{公允價值之評價調整—透過其他綜合損益按公允價值衡量之金融資產} & 4,500^* \\ \quad \text{透過其他綜合損益按公允價值衡量之金融資產—債券} & 30,000 \end{cases}$$

* 評價調整 = 2,500 + 2,000 = 4,500。

2/1	未實現持有損益－其他綜合損益	4,500	
	透過其他綜合損益按公允價值衡量之金融資產之出售利益－債券		4,500

注意：在 2/1 第一個分錄是把己公司 2020 年 12 月 31 日的非流動資產項下的股票全部結清了，而作第二個分錄的目的是處理權益項下的「累計其他綜合損益」，在權益項下，仍有「累計其他綜合損益」2,500 + 2,000 = 4,500，此時也要隨著股票的出售，將先前未實現持有損益轉成已實現的持有損益（因為「累計其他綜合損益」4,500 是先前「未實現持有損益－其他綜合損益」轉入的），於是我們就把這筆「累計其他綜合損益」4,500 重分類至淨利，轉入的科目為「透過其他綜合損益按公允價值衡量之金融資產之出售利益－債券」，期末 (12/31) 時再將「未實現持有損益－其他綜合損益」轉入「累計其他綜合損益」的結帳分錄。這樣資產負債表上與該股票的相關交易所產生的金額才算全部結清。

分錄如下：

12/31	累計其他綜合損益	4,500	
	未實現持有損益－其他綜合損益		4,500

三、債券投資，持有供交易：採用「透過損益按公允價值衡量 (FVTPL)」的釋例

(一) 記錄債券已成本取得

丙公司在 2020 年 1 月 1 日以平價購入戊公司 40,000、9%、5 年期債券。每年 12 月 31 日支付利息，到期日為 2022 年 12 月 31 日。該債券投資採用透過損益按公允價值衡量之金融資產。此項投資的分錄如下：

說明：

丙公司債券取得成本 40,000。

1/1	透過損益按公允價值衡量之金融資產－債券	40,000	
	現金		40,000

(二) 記錄債券利息

丙公司債券投資的面額是 40,000，票面利率 9%，每年 12 月 31 日支付利息，若丙公司在 12/31 認列債券的利息收入，則分錄如下：

說明：

利息收入的計算：債券面額 × 票面利率 × 期數 = 40,000 × 9% × 1 = 3,600。

12/31	現金	3,600	
	利息收入		3,600

(三) 期末以公允價值衡量

假設在 2020 年底，戊公司債券的公允價值為 32,000，債券的帳面金額為 40,000，丙公司期末以公允價值衡量債券，則調整分錄如下：

說明：

公允價值 = 32,000，帳面價值 = 40,000，公允價值－帳面價值 = 32,000 – 40,000 = (8,000)。

12/31	未實現持有損益─損益	8,000	
	公允價值之評價調整─透過損益按公允價值衡量之金融資產		8,000

注意：「公允價值之評價調整」這個科目如同機器設備的「累計折舊」科目，在購入成本資訊維持不變的情況下，透過「公允價值之評價調整」科目的變動，來反應該投資項目的公允價值。

資產負債表 丙公司 2020 年 12 月 31 日	
非流動資產	
透過損益按公允價值衡量之金融資產─債券	40,000
減：公允價值之評價調整─透過損益按公允價值衡量之金融資產	8,000
	32,000

綜合損益表
丙公司
2020 年 1 月 1 日至 2020 年 12 月 31 日

營業外收入及支出	
利息收入	3,600
未實現持有損益—損益	(8,000)
本期淨利	×××

注意：「未實現持有損益—損益」這個科目是放在營業外收入及支出項下，它是當期淨利的組成之一，該投資標的只要是以交易為目的，隨時都可能是要出售的，所以要反應目前的市價行情，雖然到期末仍還沒出售，也是要承認市價波動若馬上處分後造成的損益為何。

(四) 記錄出售債券

假設丙公司在 2021 年 3 月 1 日以 35,000 出售投資戊公司全部債券，而丙公司在 12/31 的帳面價值為 32,000，債券出售的價格就是公允價值，所以丙公司需再以公允價值衡量，則調整分錄如下：

説明：

公允價值 = 35,000，帳面價值 = 32,000，公允價值 − 帳面價值 = 35,000 − 32,000 = 3,000。

3/1	公允價值之評價調整—透過損益按公允價值衡量之金融資產	3,000	
	未實現持有損益—損益		3,000

將帳面價值調整到公允價值後，丙公司記錄收到出售價款分錄如下：

	現金	35,000	
3/1	公允價值之評價調整—透過損益按公允價值衡量之金融資產	5,000*	
	透過損益按公允價值衡量之金融資產—債券		40,000

* 評價調整 = 8,000 − 3,000 = 5,000。

這個分錄把丙公司 2020 年 12 月 31 日的非流動資產項下的股票全部結清了。

13-5 股票投資

▲股票投資的持股情況

當投資公司持有被投資公司的持股比率越高，就可以擁有較多席次的董事，進而在董事會裡影響公司的財務與營運決策，如果把持股率區分成三個區間來表示對被投資公司的所有權比例，可區分成持股比率 20% ↓，持股比率 20% ～ 50%，持股比率 50% ↑。

股票投資的情況	會計的處理	期末評價
持股比率 20% ↓： 1.持有股票只是為了交易。	透過損益按公允價值衡量 (FVTPL)。	以該股票的期末公允價值作為衡量，而帳面價值與公允價值的差額，則列在營業外收入及支出項下。
2.持有股票不是為了交易。	透過其他綜合損益按公允價值衡量 (FVTOCI)。	以該股票的期末公允價值作為衡量，而帳面價值與公允價值的差額，則列在其他綜合損益項下。
持股比率 20% ～ 50%： 投資關聯企業	權益法。	投資公司在關聯企業產生淨利的年度，必須按持股比率認列投資收益。收到股利則視同股本退回。
持股比率 50% ↑： 母公司與子公司的關係	編製合併報表。	

一、股票投資,持股比率 20% ↓:採用「透過損益按公允價值衡量之金融資產 (FVTPL)」的釋例

(一)記錄股票投資的取得

假設丁公司在 2020 年 7 月 1 日取得 1,000 股(10% 股權對被投資公司不具重大影響力)戊公司的普通股,丁公司每股支付 40,並將該股票投資採用透過損益按公允價值衡量之金融資產 (FVTPL)。此交易的分錄如下:

說明:

取得成本 1,000 股 × 40 = 40,000。

7/1	透過損益按公允價值衡量之金融資產—股票	40,000	
	現金		40,000

(二)記錄股利

在丁公司持有股票的期間內,該公司必須就所收到的每一筆現金股利作分錄。如果丁公司在 10 月 1 日收到每股 20 的股利,則分錄如下:

說明:

股利收入 1,000 股 × 20 = 20,000。

10/1	現金	20,000	
	股利收入		20,000

(三)期末以公允價值衡量

假設在 2020 年 12 月 31 日戊公司的公允價值為每股 45。丁公司股票投資的帳面價值為 40,000。將帳面價值調整成公允價值:

說明:

公允價值 1,000 股 × 45 = 45,000,帳面價值 40,000,公允價值 − 帳面價值 = 45,000 − 40,000 = 5,000。

12/31	公允價值之評價調整—透過損益按公允價值衡量之金融資產	5,000	
	未實現持有損益—損益		5,000

資產負債表 丁公司 **2020 年 12 月 31 日**	
非流動資產	
透過損益按公允價值衡量之金融資產—股票	40,000
加：公允價值之評價調整—透過損益按公允價值衡量之金融資產	5,000
	45,000

綜合損益表 丁公司 **2020 年 7 月 1 日至 2020 年 12 月 31 日**	
營業外收入及支出	
股利收入	20,000
未實現持有損益—損益	5,000
本期淨利	×××

(四) 記錄股票的出售

假設丁公司公司在 2021 年 2 月 10 日將戊公司股票賣出後收到價款 39,500。股票在 2020 年 12 月 31 日的帳面價值為 45,000，丁公司要先將帳面價值調整到公允價值（即現金價款），分錄如下：

說明：

公允價值 = 39,500，帳面價值 = 45,000，公允價值 – 帳面價值 = 39,500 – 45,000 = (5,500)。

2/10	未實現持有損益－損益	5,500	
	公允價值之評價調整－透過損益按公允價值衡量之金融資產		5,500

將帳面價值調整到公允價值後，丁公司記錄收到出售價款分錄如下：

2/10	現金	39,500
	公允價值之評價調整—透過損益按公允價值衡量之金融資產	500*
	透過損益按公允價值衡量之金融資產—股票	40,000

* 評價調整 = 5,000 – 5,500 = (500)。

這個分錄把丁公司 2020 年 12 月 31 日的非流動資產項下的股票全部結清了。

二、股票投資，持股比率 20% ↓：採用「透過其他綜合損益按公允價值衡量之金融資產 (FVTOCI)」的釋例

(一) 記錄股票投資的取得

假設乙公司在 2020 年 5 月 1 日取得 2,000 股丙公司的普通股，每股支付 25，該交易低於 20% 股權。乙公司作一不可撤銷之選擇，採用「透過其他綜合損益按公允價值衡量 (FVTOCI)」。此交易的分錄如下：

說明：

取得成本 2,000（股）× 25 = 50,000

5/1	透過其他綜合損益按公允價值衡量之金融資產—股票	50,000
	現金	50,000

(二) 記錄股利

乙公司在 2020 年 11 月 30 日收到投資丙股票之現金股利 1,000，則分錄如下：

說明：

11/30	現金	1,000
	股利收入	1,000

(三) 期末以公允價值衡量

假設在 2020 年 12 月 31 日乙公司投資丙股票的公允價值為 53,000。股票投資的帳面價值為 50,000。將帳面價值調整成公允價值，分錄如下：

說明：

公允價值 = 53,000，帳面價值 = 50,000，公允價值 − 帳面價值 = 53,000 − 50,000 = 3,000。

12/31 $\begin{cases}$ 公允價值之評價調整—透過其他綜合損益按公允價值衡量之金融資產　　3,000

　　　　未實現持有損益—其他綜合損益　　　　　　　　　　　　　　　　　3,000

再將「未實現持有損益—其他綜合損益」科目結轉至「累計其他綜合損益」的結帳分錄如下：

12/31 $\begin{cases}$ 未實現持有損益—其他綜合損益　　3,000

　　　　累計其他綜合損益　　　　　　　　3,000

注意：這個步驟是「未實現持有損益—其他綜合損益」與「未實現持有損益—損益」最大的差異處。「未實現持有損益—其他綜合損益」期末時是從其他綜合損益項下結轉到權益項下的「累計其他綜合損益」，而「未實現持有損益—損益」則直接列在營業外收入及支出項下。

綜合損益表
乙公司
2020 年 5 月 1 日至 2020 年 12 月 31 日

營業外收入及支出	
股利收入	1,000
本期淨利	×××
其他綜合損益	
未實現持有損益—其他綜合損益	3,000*
綜合淨利	×××

* 把「未實現持有損益—其他綜合損益」結轉到權益項下的累計其他綜合損益。

資產負債表
乙公司
2020 年 12 月 31 日

非流動資產

透過其他綜合損益按公允價值衡量之金融資產—股票	50,000
加：公允價值之評價調整—透過其他綜合損益按公允價值衡量之金融資產	3,000
	53,000

股東權益

累計其他綜合損益	3,000*

(四) 記錄股票的出售

乙公司在 2021 年 2 月 1 日將丙股票賣出後收到價款 52,500。股票在 2020 年 12 月 31 日的帳面價值為 53,000，乙公司要先將帳面價值調整到公允價值（即現金價款），分錄如下：

說明：

公允價值 = 52,500，帳面價值 = 53,000，公允價值 − 帳面價值 = 52,500 − 53,000 = (500)。

2/1	未實現持有損益—其他綜合損益	500	
	公允價值之評價調整—透過其他綜合損益按公允價值衡量之金融資產		500

將帳面價值調整到公允價值後，乙公司記錄收到出售價款分錄如下：

2/1	現金	52,500	
	公允價值之評價調整—透過其他綜合損益按公允價值衡量之金融資產		2,500*
	透過其他綜合損益按公允價值衡量之金融資產—股票		50,000

* 評價調整 = 3,000 − 500 = 2,500。

這個分錄把乙公司 2020 年 12 月 31 日的非流動資產項下的股票全部結清了。

但在權益項下，仍有累計其他綜合損益 3,000 − 500 = 2,500，此時也要隨著股票的出售，將先前未實現持有損益轉成已實現的持有損益（因為累計其他綜合損益 2,500 是先前未實現持有損益—其他綜合損益轉入的），於是我們就把這筆累計其他綜合損益 2,500 結轉到保留盈餘（保留盈餘也是在權益項下）。這樣資產負債表上與該股票的相關交易所產生的金額才算全部結清。

分錄如下：

2/1 　　累計其他綜合損益　　2,500
　　　　　保留盈餘　　　　　　　　　2,500

三、股票投資，持股比率 20% ～ 50%：權益法的釋例

(一) 記錄股票投資的取得

假設甲公司在 2020 年 1 月 1 日以 65,000 取得丙公司 30% 的普通股，甲公司應作分錄如下：

說明：

甲公司是投資公司，丙公司為被投資公司，甲公司買進丙公司發行且流通在外股數的 30%，買入的成本是 65,000，分錄如下：

1/1 　　股票投資　　65,000
　　　　　現金　　　　　　65,000

(二) 記錄投資收益

丙公司的 2020 年淨利為 20,000，則甲公司應依持股比率認列投資收益，甲公司應作分錄如下：

說明：

甲公司對丙公司的持股率是 30%，所以當丙公司產生淨利，甲公司的投資也水漲船高，故甲公司依持股率認列投資收益。

20,000 × 30% = 6,000。

$$12/31 \begin{cases} \text{股票投資} \quad\quad\quad 6,000 \\ \quad\quad \text{股票投資收益} \quad 6,000 \end{cases}$$

(三) 記錄股利收入

　　同時丙公司當年宣告並發放 5,000 的現金股利。則甲公司應該把丙公司發放現金股利，視同投資成本的退回。

　　說明：甲公司對丙公司的持股率是 30%，所以當丙公司宣告並發放現金股利，丙公司的淨資產將因發放現金股利而減少，甲公司的投資成本也會縮水，故甲公司依持股率認列投資成本的減少。

　　$5,000 \times 30\% = 1,500$。

$$12/31 \begin{cases} \text{現金} \quad\quad\quad 1,500 \\ \quad\quad \text{股票投資} \quad 1,500 \end{cases}$$

資產負債表
甲公司
2020 年 12 月 31 日

非流動資產	
股票投資	69,500*

* 65,000 (1/1) + 6,000(12/31) − 1,500(12/31) = 69,500。

綜合損益表
甲公司
2020 年 1 月 1 日至 2020 年 12 月 31 日

營業外收入及支出	
股票投資收益	6,000
本期淨利	×××

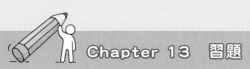

( )　1. 彥洪公司 108 年 1 月 1 日以現金 $1,000,000 投資菸草公司的股份 40%，原始投資時取得成本與取得菸草公司權益份額間無差額。投資當年度收到現金股利 $50,000，菸草公司當年度盈餘為 $5,000,000，試問彥洪公司帳上採用權益法之投資的餘額為多少？

   (A) $2,950,000　　　　　　　(B) $3,000,000

   (C) $5,500,000　　　　　　　(D) $3,050,000。　【普 110-3】

( )　2. 採權益法評價之長期投資，若取得其現金股利，應借記現金，並貸記：

   (A) 股東權益　　　　　　　　(B) 投資收益

   (C) 股權投資　　　　　　　　(D) 營業收入。　　【普 108-3】

( )　3. 甲公司 X7 年 1 月 1 日帳列「長期投資－乙公司」已上市普通股 50% 股權，X7 年乙公司淨利為 $200,000，甲公司並獲配其發放現金股利 $20,000，則甲公司該年度可認列投資收益：

   (A) $100,000　　　　　　　　(B) $40,000

   (C) $60,000　　　　　　　　(D) $80,000。

   　　　　　　　　　【普 109-2】【普 110-3】【普 111-1】

( )　4. 如果沒有證據顯示其持股未具控制，則當投資公司直接或是間接持有被投資公司有表決權之股份超過多少時，即應該認定對被投資公司具有控制？

   (A) 20%　　　　　　　　　　(B) 25%

   (C) 50%　　　　　　　　　　(D) 100%。　　【普 110-2】

( )　5. 投資公司對被投資公司具有重大影響者，其股權投資應按何種方法處理？

   (A) 公允價值法　　　　　　　(B) 成本法

   (C) 權益法　　　　　　　　　(D) 權益法，並編製合併報表。

   　　　　　　　　　　　　　　　　　　　　【高 110-2】

(　) 6. 下列哪一項有關權益法的敘述是正確的？

(A) 投資後續依公允價值評價

(B) 投資公司依原始投資成本來記錄投資，且期末不需作任何調整

(C) 當被投資公司分配現金股利時，投資公司應貸記股利收入

(D) 在期末時，投資公司應依被投資公司之損益及其投資比例調整投資科目。　　　　　　　　　　　　【高 108-2】

1.(A)　2.(C)　3.(A)　4.(C)　5.(C)　6.(D)

● Chapter 13　習題解析

1. 1,000,000 – 50,000 + 5,000,000 × 40% = 2,950,000。

2. 視同股本退回，故貸記股權投資。

3. 可認列的投資收益 200,000 × 50% = 100,000。

4. 表決權之股份超過 50%，即應該認定對被投資公司具有控制。

5. 投資公司對被投資公司具「重大影響者」，其股權投資應採權益法處理。

6. (A) 期末應依持股比例對被投資公司損益認列投資損益。

   (B) 期末需作投資損益與現金股利認列，調整長期投資的帳面價值。

   (C) 收到現金股利，應貸記長期投資，視同投資退回。

Chapter 14

現金流量表

我們把現金流量表區分成三大交易活動，分別是營業活動、投資活動與融資活動，探討現金的增加或減少，而這三大交易活動將涉及損益表（當年）與資產負債表（當年與前年）的資訊，透過現金流量表可以使閱讀報表者進一步地了解錢（現金）是從哪裡來？而錢（現金）又花到哪裡去？

由會計恆等式，資產＝負債＋股東權益，然後再給它分解，得到表格下列的結果：

資產＝			負債		＋股東權益		
流動資產		非流動資產	流動負債	非流動負債	股本	保留盈餘	
現金	現金以外的流動資產	非流動資產	流動負債	非流動負債	股本	淨利	－股利

我們想了解現金的增加或減少，與會計恆等式的關聯性，可利用「蹺蹺板原理」，為了維持平衡，左邊要等於右邊，當現金以外的項目增加或減少，對現金是增加或減少，以下逐一討論。

14-2 來自營業活動的現金增、減

資產＝			負債		＋股東權益		
流動資產		非流動資產	流動負債	非流動負債	股本	保留盈餘	
現金	現金以外的流動資產	非流動資產	流動負債	非流動負債	股本	淨利	－股利
↑						↑	
↓						↓	

當淨利增加，則現金增加。

當淨利減少，則現金減少。

▲由上述會計恆等式得知，淨利增減會影響現金增減，但我們的淨利數字是從損益表所得到的，而損益表的淨利是以「應計基礎」來計算收入、費用的，所以我們要將淨利由「應計基礎」轉換成「現金基礎」。這種由「應計基礎」轉換成「現金基礎」的淨利編製方式，稱為「間接法」。

資產＝			負債		＋股東權益		
流動資產		非流動資產	流動負債	非流動負債	股本	保留盈餘	
現金	現金以外的流動資產	非流動資產	流動負債	非流動負債	股本	淨利	－股利
↓	↑						
↑	↓						

當現金以外的流動資產增加，則現金減少。例如：應收帳款增加、存貨增加，則現金減少。

當現金以外的流動資產減少，則現金增加。例如：預付費用減少，則現金增加。

Chapter 14

現金流量表

275

資產＝			負債		＋股東權益		
流動資產		非流動資產	流動負債	非分流動負債	股本	保留盈餘	
現金	現金以外的流動資產	非流動資產	流動負債	非流動負債	股本	淨利	一股利
↑			↑				
↓			↓				

　　當流動負債增加，則現金增加。例如：應付費用增加、應付帳款增加，則現金增加。

　　當流動負債減少，則現金減少。例如：應付費用減少、應付帳款減少，則現金減少。

資產＝			負債		＋股東權益		
流動資產		非流動資產	流動負債	非流動負債	股本	保留盈餘	
現金	現金以外的流動資產	非流動資產	流動負債	非流動負債	股本	淨利	一股利
↓		↑					
↑		↓					

當非流動資產增加，則現金減少。例如：購買建築物、設備，則現金減少。

當非流動資產減少，則現金增加。例如：出售廠房，則現金增加。

資產＝			負債		＋股東權益		
流動資產		非流動資產	流動負債	非流動負債	股本	保留盈餘	
現金	現金以外的流動資產	非流動資產	流動負債	非流動負債	股本	淨利	一股利
↑				↑			
↓				↓			

當非流動負債增加，則現金增加。例如：發行應付公司債，則現金增加。

當非流動負債減少，則現金減少。例如：贖回應付公司債，則現金減少。

資產＝			負債		＋股東權益		
流動資產		非流動資產	流動負債	非流動負債	股本	保留盈餘	
現金	現金以外的流動資產	非流動資產	流動負債	非流動負債	股本	淨利	一股利
↑					↑		
↓							↑

當股本增加，則現金增加。例如：發行普通股，則現金增加。

當股利增加，則現金減少。例如：發放股利，則現金減少。

並非公司所有的重大交易活動都會涉及現金，不影響現金之重大交易活動的例子：

直接發行普通股以取得資產。分錄：$\begin{cases} 資產 & \times\times\times \\ \quad 普通股股本 & \times\times\times \end{cases}$

將公司債轉換成普通股。分錄：$\begin{cases} 應付公司債 & \times\times\times \\ \quad 普通股股本 & \times\times\times \end{cases}$

直接發行債券以取得資產。分錄：$\begin{cases} 資產 & \times\times\times \\ \quad 應付公司債 & \times\times\times \end{cases}$

廠房設備的交換。分錄：$\begin{cases} 設備甲 & \times\times\times \\ \quad 設備乙 & \times\times\times \end{cases}$

　　會計處理：公司不會在現金流量表記錄上述不影響現金之重大投資及籌資活動，僅附註或揭露。

Chapter **14** 現金流量表

279

為了計算營業活動之淨現金流量，公司必須將淨利由應計基礎轉換成現金基礎。

有兩種轉換方法：

1. 間接法：將淨利由「應計基礎」轉換成「現金基礎」。
2. 直接法：淨利的組成是收入、費用，直接以現金的收支，來衡量收入、費用。

而上述兩種方法所得到的「營業活動之淨現金流入（出）」金額相同。

一、間接法——來自營業活動之現金淨流量

> 淨利＋／－調整項目＝來自營業活動之淨現金。

調整項目	調整理由
加回非現金支出的費用	例如：折舊、攤銷或折耗。因為這些項目都是費用，已經從淨利扣除，但卻未使用現金支付，所以要從淨利加回。
排除來自投資與融資活動的處分損益	例如：處分廠房損失、處分廠房利益。因為這些是投資活動已認列現金的支出或收入，但已被淨利認列為減項或加項，為了計算來自營業活動的現金，把淨利裡的「處分廠房損失」加回，「處分廠房利益」扣除。
非現金的流動資產與流動負債的增減	非現金的流動資產↑，則現金↓。
	非現金的流動資產↓，則現金↑。
	流動負債↑，則現金↑。
	流動負債↓，則現金↓。

◎編製現金流量表—間接法釋例：

△丙公司兩年（2020 年與 2019 年）的比較資產負債表：

資產	2020 年	2019 年	增加 / 減少
不動產廠房及設備			
土地	13,000	2,000	11,000 增加
建築物	15,000	3,000	12,000 增加
累計折舊—建築物	(1,100)	(500)	600 增加
設備	2,700	1,000	1,700 增加
累計折舊—設備	(300)	(100)	200 增加
流動資產			
預付費用	500	100	400 增加
存貨	1,500	1,000	500 增加
應收帳款	1,000	2,000	1,000 減少
現金	3,400	1,200	2,200 增加
資產總額	35,700	9,700	
負債與權益			
流動負債			
應付帳款	1,800	200	1,600 增加
應付所得稅	500	700	200 減少
非流動負債			
應付公司債	12,000	1,000	11,000 增加
權益			
普通股股本	6,000	4,000	2,000 增加
保留盈餘	15,400	3,800	11,600 增加
負債與權益總額	35,700	9,700	

△丙公司在 2020 年的損益表：

銷貨收入		49,625
銷貨成本	15,000	
營業費用	11,100	
折舊費用	900	
處分資產損失	300	
利息費用	4,200	31,500
稅前淨利		18,125
所得稅費用（20%）		3,625
淨利		14,500

△ 2020 年其他資料：

1. 折舊費用含 600 的建築物折舊費用，以及 300 的設備折舊費用。

2. 該公司以現金 400 出售帳面價值 700 的設備（成本 800 減累計折舊 100）。

3. 發行 11,000 長期債券直接換取一塊土地。

4. 以現金購買成本 12,000 的建築物，也以現金購買 2,500 的設備。

5. 發行普通股取得現金 2,000。

6. 該公司宣告並發放現金股利 2,900。

說明：現金流量表的格式，分成三個部分，(一) 營業活動之淨現金，(二) 投資活動之淨現金，(三) 融資活動之淨現金。

(一) 營業活動之淨現金

淨利＋／－調整＝來自營業活動之淨現金。

調整項目	調整金額
加回非現金費用	加：折舊費用 900。
排除來自投資活動的處分損益	加：處分廠房損失 300。
非現金的流動資產與流動負債的增減	非現金的流動資產↓，則現金↑。 加：應收帳款減少 1,000。 非現金的流動資產↑，則現金↓。 減：存貨增加 500。 減：預付費用增加 400。
	流動負債↑，則現金↑。 加：應付帳款增加 1,600。 流動負債↓，則現金↓。 減：應付所得稅減少 200。

將上述的淨利調整後整理如下：

營業活動之現金流量		
淨利		14,500
加：折舊費用	900	
加：處分廠房損失	300	
加：應收帳款減少	1,000	
減：存貨增加	(500)	
減：預付費用增加	(400)	
加：應付帳款增加	1,600	
減：應付所得稅減少	(200)	2,700
來自營業活動之淨現金		17,200

(二) 投資活動之淨現金

由會計恆等式：非流動資產與現金的變動。

資產＝			負債		＋股東權益		
流動資產		非流動資產	流動負債	非流動負債	股本	保留盈餘	
現金	現金以外的流動資產	非流動資產	流動負債	非流動負債	股本	淨利	－股利
↓		↑					
↑		↓					

非流動資產↑，則現金↓。
購買建築物 12,000 ↑，則現金 12,000 ↓。
購買設備 2,500 ↑，則現金 2,500 ↓。

非流動資產↓，則現金↑。
處分廠房資產 400 ↓，則現金 400 ↑。

將上述的投資活動整理如下：

投資活動之現金流量	
購買建築物	(12,000)
購買設備	(2,500)
處分廠房資產	400
用於投資活動之淨現金	(14,100)

(三) 融資活動之淨現金

由會計恆等式：非流動負債與現金的變動。

資產＝			負債		＋股東權益		
流動資產		非流動資產	流動負債	非流動負債	股本	保留盈餘	
現金	現金以外的流動資產	非流動資產	流動負債	非流動負債	股本	淨利	－股利
↑				↑			
↓				↓			

非流動負債↑，則現金↑。

非流動負債↓，則現金↓。

資產＝			負債		＋股東權益		
流動資產		非流動資產	流動負債	非流動負債	股本	保留盈餘	
現金	現金以外的流動資產	非流動資產	流動負債	非流動負債	股本	淨利	－股利
↑					↑		
↓							↑

股本↑，則現金↑。

發行普通股 2,000 ↑，則現金 2,000 ↑。

股利↑，則現金↓。

發放現金利 2,900 ↑，則現金 2,900 ↓。

將上述的融資活動整理如下：

融資活動之現金流量	
發行普通股	2,000
發放現金利	(2,900)
用於融資活動之淨現金	(900)

將上述三部分的活動合併，編製現金流量表─間接法：

營業活動之淨現金		
淨利		14,500
加：折舊費用	900	
加：處分廠房損失	300	
加：應收帳款減少	1,000	
減：存貨增加	(500)	
減：預付費用增加	(400)	
加：應付帳款增加	1,600	
減：應付所得稅減少	(200)	2,700
來自營業活動之淨現金		17,200
投資活動之現金流量		
購買建築物	(12,000)	
購買設備	(2,500)	
處分廠房資產	400	
用於投資活動之淨現金		(14,100)
融資活動之現金流量		
發行普通股	2,000	
發放現金利	(2,900)	
用於融資活動之淨現金		(900)
現金淨增加數		2,200
期初現金餘額		1,200
期末現金餘額		3,400

附註：不影響現金之投資與融資活動。

二、直接法——來自營業活動之現金淨流量

現金收入一	現金支出=	來自營業活動之淨現金
△收自客戶的現金	▽支付供應商	
△利息收現	▽營業費用的現金支付	
△股利收現	▽利息現金支付	
	▽所得稅現金支付	

△收自客戶的現金

即銷貨收入 = 現銷 + 賒銷 = 現銷 + 應收帳款,移項寫成:現銷 = 銷貨收入 – 應收帳款。

▽支付供應商

由銷貨成本 = 進貨 + 期初存貨 – 期末存貨,移項得:進貨 = 銷貨成本 + 期末存貨 – 期初存貨。

進貨 = 現購 + 賒購 = 現購 + 應付帳款,移項得:現購 = 進貨 – 應付帳款。

▽營業費用的現金支付

營業費用 = − 預付費用 + 現金付費，移項得：現金付費 = 營業費用 + 預付費用。

營業費用 = 應付費用 + 現金付費，移項得：現金付費 = 營業費用 − 應付費用。

▽所得稅現金支付

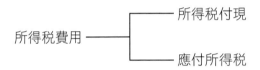

所得稅費用 = 所得稅付現 + 應付所得稅，移項得：所得稅付現 = 所得稅費用 − 應付所得稅。

◎編製現金流量表—直接法釋例：

△丙公司兩年（2020 年與 2019 年）的比較資產負債表：

資產	2020 年	2019 年	增加 / 減少
不動產廠房及設備			
土地	13,000	2,000	11,000 增加
建築物	15,000	3,000	12,000 增加
累計折舊—建築物	(1,100)	(500)	600 增加
設備	2,700	1,000	1,700 增加
累計折舊—設備	(300)	(100)	200 增加
流動資產			
預付費用	500	100	400 增加
存貨	1,500	1,000	500 增加
應收帳款	1,000	2,000	1,000 減少
現金	3,400	1,200	2,200 增加
資產總額	35,700	9,700	
負債與權益			
流動負債			
應付帳款	1,800	200	1,600 增加
應付所得稅	500	700	200 減少
非流動負債			
應付公司債	12,000	1,000	11,000 增加
權益			
普通股股本	6,000	4,000	2,000 增加
保留盈餘	15,400	3,800	11,600 增加
負債與權益總額	35,700	9,700	

△丙公司在 2020 年的損益表：

銷貨收入		49,625
銷貨成本	15,000	
營業費用	11,100	
折舊費用	900	
處分資產損失	300	
利息費用	4,200	31,500
稅前淨利		18,125
所得稅費用 (20%)		3,625
淨利		14,500

△ 2020 年其他資料：

1. 折舊費用含 600 的建築物折舊費用，以及 300 的設備折舊費用。

2. 該公司以現金 400 出售帳面價值 700 的設備（成本 800 減累計折舊 100）。

3. 發行 11,000 長期債券直接換取一塊土地。

4. 以現金購買成本 12,000 的建築物，也以現金購買 2,500 的設備。

5. 發行普通股取得現金 2,000。

6. 該公司宣告並發放現金股利 2,900。

説明：現金流量表的格式，分成三個部分，(一) 營業活動之淨現金。(二) 投資活動之淨現金。(三) 融資活動之淨現金。

(一) 營業活動之淨現金

現金收入 -	現金支出 =	來自營業活動之淨現金
△收自客戶的現金	▽支付供應商	
△利息收現	▽營業費用的現金支付	
△股利收現	▽利息現金支付	
	▽所得稅現金支付	

△收自客戶的現金

現銷 = 銷貨收入 – 應收帳款。

現銷 = 49,625 – (–1,000) = 50,625。

▽支付供應商

進貨 = 銷貨成本 + 期末存貨 – 期初存貨。

進貨 = 15,000 + 1,500 – 1,000 = 15,500。

現購 = 進貨 – 應付帳款。

現購 = 15,500 – 1,600 = 13,900。

▽營業費用的現金支付

現金付費 = 營業費用 + 預付費用。

現金付費 = 11,100 + 400 = 11,500。

▽所得稅現金支付

所得稅付現 = 所得稅費用 – 應付所得稅。

所得稅付現 = 3,625 – (–200) = 3,825。

▽利息現金支付

利息付現＝利息費用－應付利息費用。

利息付現＝ 4,200 – 0 = 4,200。

將上述的來自營業活動的現金流量整理如下：

營業活動之現金流量	
收自客戶的現金	50,625
減：支付供應商	13,900
減：營業費用	11,500
減：所得稅付現	3,825
減：利息現金支付	4,200
來自營業活動之淨現金	17,200

而投資活動之現金流量與融資活動之現金流量，與現金流量表－間接法的編製相同，故省略說明，現金流量表－直接法如下表所示：

現金流量表—直接法		
營業活動之淨現金		
收自客戶的現金		50,625
減：支付供應商	13,900	
減：營業費用	11,500	
減：所得稅付現	3,825	
減：利息現金支付	4,200	33,425
來自營業活動之淨現金		17,200
投資活動之現金流量		
購買建築物	(12,000)	
購買設備	(2,500)	
處分廠房資產	400	
用於投資活動之淨現金		(14,100)
融資活動之現金流量		
發行普通股	2,000	
發放現金利	(2,900)	
用於融資活動之淨現金		(900)
現金淨增加數		2,200
期初現金餘額		1,200
期末現金餘額		3,400

附註：不影響現金之投資與融資活動。

◎自由現金流量

在現金流量表裡，①營業活動之淨現金被視為是公司現金產生能力的指標。

自由現金流量則認為①營業活動之淨現金需要將：②公司必須投資新固定資產才能維持目前營業規模，以及③公司至少要能維持目前的股利發放水準以滿足股東需求，這②、③兩項因素納入考量。

自由現金流量＝①營業活動之淨現金－②資本支出－③現金股利。

例如：丁公司來自營業活動之淨現金為 20,000，為了維持 10 臺設備的產能，該公司投資 1,000 於設備上，且該公司決定發放股利 500，則自由現金流量 = 20,000 − 1,000 − 500 = 18,500。表示該公司未來可以選擇將 18,500 全數購買新設備以擴大經營，或是維持 10 臺設備的產能投資 1,000 於設備上並發放股利 500，因為 18,500 − 1,000 − 500 = 17,000 仍是足夠的。

Chapter 14 習題

( ) 1. 編製現金流量表時，公司通常不需要下列哪一種資訊？
(A) 去年之資產負債表 (B) 去年之綜合損益表
(C) 今年之資產負債表 (D) 今年之綜合損益表。
【普 109-4】

( ) 2. 現金流量表的「現金」係包含現金與約當現金，下列何者最不適
合列入現金流量表的「現金」範圍？
(A) 10 天內到期之商業本票
(B) 1 個月內到期之定期存款
(C) 2 個月內到期之國庫券
(D) 客戶開立 2 個月內到期之附息票據。 【普 110-2】

( ) 3. 南平公司 X6 年度純益 $320,000，其他有關資料如下：折舊
$85,000，預收租金減少數 $15,000，出售不動產、廠房及設備
損失 $40,000，銀行借款 $509,000。則由營業活動產生之現金
淨流入為何？
(A) $90,000 (B) $210,000
(C) $430,000 (D) $460,000。
【普 108-3】【普 108-4】

( ) 4. 下列何種現金流量，其活動為經常發生，且較能預測短期現金流
量？
(A) 投資活動現金流量 (B) 籌資活動現金流量
(C) 營業活動現金流量 (D) 沒有這樣的活動。
【普 109-3】

( ) 5. 非金融業之公司所收利息或股利收入，應列為何種活動之現金流
入？
(A) 營業活動 (B) 融資活動
(C) 投資活動 (D) 其他活動。 【普 108-2】

（　　）6. 資產減損損失在以間接法表達之現金流量表會出現於何種活動的類別？
(A) 營業活動
(B) 投資活動
(C) 籌資活動
(D) 不影響現金之投資與籌資活動。　　　　　　【普 110-3】

（　　）7. 下列何者通常不會影響企業的現金流量？（不考慮所得稅影響）
(A) 銷貨折讓　　　　　　(B) 員工薪資
(C) 利息費用　　　　　　(D) 折舊費用。　　【普 109-2】

（　　）8. 計算由營業產生之營運資金須加回本期之折舊金額，是因為：
(A) 折舊非為營業交易　　　　(B) 減少本期多提列之折舊
(C) 折舊不耗用營運資金　　　(D) 提列折舊可以少繳稅。
　　　　　　　　　　　　　　　　　　　　　　　　【普 109-4】

（　　）9. 在間接法下折舊是加在淨利上，以計算來自何種活動之現金流量？
(A) 投資　　　　　　　　(B) 營業
(C) 籌資　　　　　　　　(D) 管理。
　　　　　　　　　　　　　　　　　【普 108-3】【普 108-4】

（　　）10. 在間接法編製的現金流量表中，應單獨揭露哪些項目之現金流出？
(A) 利息支付金額
(B) 所得稅支付金額
(C) 選項 (A)、(B) 皆須單獨揭露
(D) 選項 (A)、(B) 皆不須單獨揭露。　【普 108-1】【普 108-3】

（　　）11. 平和公司出售舊機器收入 $50,000，則：
(A) 營運活動現金流量減少　　(B) 籌資活動現金流量減少
(C) 現金流量率下降　　　　　(D) 投資活動現金流量增加。
　　　　　　　　　　　　　　　　　　　　　　　　【普 109-1】

(　　)12. 老謝餐飲公司向銀行借款 $5,000,000，並以廠房作擔保，這項交易將在現金流量表中列作：

(A) 來自營業活動之現金流量　　(B) 來自投資活動之現金流量

(C) 來自籌資活動之現金流量　　(D) 非現金之投資及籌資活動。

【普 108-1】【普 109-4】【普 110-2】

(　　)13. 發行公司債取得現金，會使得發行公司的：

(A) 流動比率不變　　　　　　　(B) 投資活動的現金流入量增加

(C) 淨值報酬率下降　　　　　　(D) 選項 (A)、(B)、(C) 皆非。

【普 108-2】【普 108-4】

(　　)14. 下列何者屬於現金流量表中的籌資活動部分？

(A) 購買設備　　　　　　　　　(B) 現金增資

(C) 購買債券投資　　　　　　　(D) 處分設備所得款項。

【普 108-1】【普 108-3】【普 109-3】

(　　)15. 新竹公司 X9 年帳列銷貨收入 $2,400,000，銷貨成本 $1,400,000，期末存貨比期初存貨增加 $20,000，期末應收帳款比期初應收帳款減少 $18,000，期末應付帳款比期初應付帳款餘額增加 $16,000，則新竹公司 X9 年支付貨款的現金為何？

(A)$1,364,000　　　　　　　　(B)$1,396,000

(C)$1,404,000　　　　　　　　(D)$1,576,000。　【高 110-1】

(　　)16. 現金流量表本身通常不會列示下列哪一項目？

(A) 股票溢價發行　　　　　　　(B) 支付現金股利

(C) 發放股票股利　　　　　　　(D) 股票買回。　【高 109-2】

(　　)17. 現金流量表之現金不包括下列何項？

(A) 活期存款　　　　　　　　　(B) 支票存款

(C) 可轉讓定期存單　　　　　　(D) 人壽保險解約現金價值。

【高 108-3】

(　　)18. 下列何者並非現金流量表之功能？

(A) 評估公司盈餘的品質　　　　(B) 評估對外部資金的依賴程度

(C) 評估公司的財務彈性　　　(D) 評估資產的管理效能。

【高 110-1】

(　) 19. 大連公司本年度營業活動之淨現金流入 $550,000、籌資活動之淨現金流入 $300,000、投資活動淨現金流出 $400,000、期初現金餘額 $1,000，則大連公司之年底現金餘額為何？

(A)$350,000　　　　　　　　(B)$351,000

(C)$951,000　　　　　　　　(D)$451,000。　　【高 110-2】

(　) 20. 計算營業活動淨現金流量時，下列項目何者不可列入？

(A) 預收貨款的減少　　　　　(B) 遞延所得稅負債的變動

(C) 應付銀行票據變動　　　　(D) 存出保證金變動。

【高 108-2】

(　) 21. 以間接法編製現金流量表中的「來自營業活動的現金流量」時，下列何項敘述正確？

(A) 應加入存貨增加之金額

(B) 應減除預付費用減少之金額

(C) 應減除清償公司債之利益

(D) 應加入再發行庫藏股之金額。　　【高 110-2】

(　) 22. 現金流量表上最能衡量企業繼續經營能力的資訊為何？

(A) 來自營業活動之現金流量

(B) 來自投資活動之現金流量

(C) 來自籌資活動之現金流量

(D) 不影響現金之投資活動或籌資活動。　　【高 110-2】

(　) 23. 採用直接法編製的現金流量表，無法用來直接評估下列哪一項目？

(A) 未來淨現金流入之能力

(B) 償還負債與支付股利能力

(C) 本期損益與營業活動所產生現金流量之差異原因

(D) 本期現金與非現金之投資及籌資活動對財務狀況的影響。

【高 110-2】

( ) 24. 當不動產、廠房及設備以低於帳面金額之金額出售，對現金流量表的影響為：

(A) 在間接法之下，處分損失應列為營業活動現金流量的減項調整

(B) 在直接法之下，處分損失不需列入現金流量表

(C) 處分不動產、廠房及設備損失應列為投資活動現金流量的減項

(D) 處分不動產、廠房及設備損失應於投資活動現金流量中加回。 【高 109-4】

( ) 25. 試根據下列資料計算由營業來的現金流量：銷貨收入（全為現金銷貨）$100,000、銷貨成本（全為現金購貨且存貨未改變）$50,000、營業費用（不含折舊且全為現金支出）$20,000、折舊費用 $10,000、稅率 17%。

(A)$10,000 (B)$23,200

(C)$24,900 (D)$26,600。 【高 108-2】

( ) 26. 長春公司本年度稅後純益 $20,000、折舊費用 $10,000、預期信用損失 $4,000，已知該公司來自營業現金流入為 $30,000，則該公司今年出售土地利益為何？（假設無其他調整項目）

(A)$5,000 (B)$1,000

(C)$4,000 (D)$3,000。 【高 108-2】

( ) 27. 聖保羅公司 106 年度淨利為 $30,000、呆帳損失 $6,000、應付公司債溢價攤銷 $1,000、折舊費用 $2,000、應收帳款增加數 $10,000、備抵呆帳減少數 $4,000，則 106 年度來自營業活動之淨現金流入為：

(A)$18,000 (B)$17,000

(C)$12,000 (D)$7,000。 【高 108-1】

( ) 28. 下列哪一項說明了折舊費用如何顯示在現金流量表上？

(A) 直接法：加在淨利之上；間接法：並未顯示

(B) 直接法：並未顯示；間接法：加在淨利上

(C) 直接法：並未顯示；間接法：並未顯示

(D) 直接法：並未顯示；間接法：自淨利處扣除。　【高 109-3】

( )29. 若以間接法編製現金流量表，由淨利調整為從營業而來之現金時，下列何者應列為減項？

(A) 應付公司債折價攤銷　　　　(B) 依權益法認列之投資收益

(C) 應付利息增加　　　　　　　(D) 遞延所得稅負債增加。

【高 109-1】

( )30. 在間接法編製的現金流量表中，應單獨揭露哪些項目之現金流出？

(A) 利息支付金額

(B) 所得稅支付金額

(C) 選項 (A)、(B) 都需揭露

(D) 在間接法之下，現金流量表不應出現任何現金支付的項目。

【高 110-2】

( )31. 處分土地一筆，成本 $3,500、處分利益 $500，則應於投資活動項下列入現金流入：

(A)$3,000　　　　　　　　　　(B)$1,000

(C)$4,000　　　　　　　　　　(D)$0。　　【高 109-1】

( )32. 品妍公司於 108 年度曾出售一批不動產、廠房及設備，其原始成本為 $500,000，出售時的累計折舊為 $250,000，而售得之價款為 $350,000。上述事項在間接法現金流量表中應如何列示？

(A) 從淨利中減除 $100,000，並從投資活動增加 $350,000 現金流量

(B) 從淨利中減除 $100,000，並從籌資活動減少 $350,000 現金流量

(C) 從淨利中加回 $350,000，並從投資活動增加 $250,000 現金流量

(D) 從淨利中加回 $250,000，並從籌資活動減少 $350,000 現金流量。　　【高 108-1】

（　）33. 立宇公司於 X6 年底購買土地一筆，價格為 $1,000,000，該公司支付現金 $400,000，餘款則開立附息票據支應。此項交易在當期現金流量表的揭露方式為：
(A) 投資活動：–$400,000；籌資活動：–$600,000
(B) 投資活動：–$1,000,000；籌資活動：0
(C) 投資活動：–$1,000,000；籌資活動：+$600,000
(D) 投資活動：–$400,000；籌資活動：0。　　　　【高 109-2】

（　）34. 波特蘭公司從公開市場中買入該公司已發行之股票，這一交易在現金流量表中應列為：
(A) 營業活動　　　　　　　　(B) 投資活動
(C) 籌資活動　　　　　　　　(D) 減資活動。　　【高 110-2】

（　）35. 下列何者為來自籌資活動的現金流量？
(A) 購買不動產、廠房及設備　(B) 應計費用增加
(C) 借入長期負債　　　　　　(D) 選項 (A)、(B)、(C) 皆非。
　　　　　　　　　　　　　　　　　　　　　　【高 109-3】

（　）36. 償還短期借款，應列為何種活動之現金流出？
(A) 投資活動　　　　　　　　(B) 營業活動
(C) 籌資活動　　　　　　　　(D) 其他活動。　　【高 110-1】

（　）37. 編製現金流量表時，下列何選項在現金流量表中屬於籌資活動？
(A) 發放股票股利　　　　　　(B) 收到現金股利
(C) 出售不動產、廠房及設備　(D) 買回庫藏股票。
　　　　　　　　　　　　　　　　　　　　　　【高 110-1】

（　）38. 哥倫比亞公司以 $5,000,000 發行公司債，由鳳凰城公司購入，上述交易在各公司現金流量表中應列為：
(A) 哥倫比亞公司：投資活動；鳳凰城公司：投資活動
(B) 哥倫比亞公司：投資活動；鳳凰城公司：籌資活動
(C) 哥倫比亞公司：籌資活動；鳳凰城公司：投資活動
(D) 哥倫比亞公司：籌資活動；鳳凰城公司：籌資活動。
　　　　　　　　　　　　　　　　　　　　　　【高 109-3】

（　）39. 依 IAS7「現金流量表」之規定，利息費用付現得列於現金流量
表中之何項活動？
(A) 營業活動或投資活動
(B) 投資活動或籌資活動
(C) 營業活動或籌資活動
(D) 不影響現金流量之投資及籌資活動。　　　　【高 108-2】

（　）40. 自由現金流量的定義為：
(A) 收入＋費用＋投資　　　(B) 收入＋費用－投資
(C) 收入－費用－投資　　　(D) 收入－費用＋投資。
【高 110-1】

1.(B) 2.(D) 3.(C) 4.(C) 5.(A) 6.(A) 7.(D) 8.(C) 9.(B) 10.(C)

11.(D) 12.(C) 13.(D) 14.(B) 15.(C) 16.(C) 17.(D) 18.(D)

19.(D) 20.(C) 21.(C) 22.(A) 23.(C) 24.(B) 25.(D) 26.(C)

27.(B) 28.(B) 29.(B) 30.(C) 31.(C) 32.(A) 33.(A) 34.(C)

35.(C) 36.(C) 37.(D) 38.(C) 39.(C) 40.(C)

● Chapter 14 習題解析

1. 當期的現金流量表的編製，需要當期綜合損益表，及當期、上一期的資產負債表。

2. 「約當現金」是指短期並具高度流動性之投資，包括自投資日起 3 個月內到期或清償之國庫券、可轉讓定期存單、商業本票與銀行承兌匯票等。依題意，客戶開立 2 個月內到期之附息票據並非投資。

3. 純益 + 折舊 − 預收現金減少數 + 出售不動產、廠房及設備損失 = 320,000 + 85,000 − 15,000 + 40,000 = 430,000。

4. 來自營業活動的現金流量是經常性的，且較能預測短期的現金流量。

5. 利息或股利收入，視為來自營業活動之現金流量。

6. 來自營業活動之現金流量，採間接法，淨利 + 資產減損損失。

7. 折舊費用並未使用現金支付，故不會影響企業的現金流量。

8. 折舊已從來自營業活動淨利內扣除，但折舊並未使用到現金，故從淨利予以加回。

9. 營業活動之現金流量，採間接法，淨利＋折舊。

10. 間接法編製的現金流量表中，應單獨揭露的項目有支付利息和支付所得稅。

11. 出售舊機器的分錄：$\begin{cases} 現金 & ××× \\ 機器 & ××× \end{cases}$，乃投資活動的現金增加。

12. 分錄是借：現金 5,000,000，貸：長期借款 5,000,000，將使來自籌資活動之現金流入 5,000,000。

13. 分錄：$\begin{cases} 現金 & \times\times\times \\ 應付公司債 & \times\times\times \end{cases}$，

將使流動資產增加，長期負債也增加，籌資活動的現金流入增加。流動比率上升，股東權益報酬率不變。

14. 籌資活動：將使企業的股東權益即借款發生增減之活動。

現金增資的分錄：$\begin{cases} 現金 & \times\times\times \\ 股本 & \times\times\times \end{cases}$，

故將使股東權益增加，資產也增加。

15. 支付貨款 = 進貨 − 應付帳款增加 = 1,420,000 − 16,000 = 1,404,000。
銷貨成本 = 期初存貨 + 進貨 − 期末存貨，移項銷貨成本 = 進貨 − （期末存貨 − 期初存貨），1,400,000 = 進貨 − (20,000)，得進貨 = 1,420,000。

16. 發放股票股利不影響現金的流入與流出，故不會列示在現金流量表內。

17. 人壽保險解約現金價值乃長期投資的科目。

18. 現金流量表並無法用以評估資產的管理效能。

19. 本期：550,000 + 300,000 − 400,000 = 450,000，
期末 = 期初 + 本期 = 1,000 + 450,000 = 451,000。

20. 應付銀行票據是與銀行借款所簽發的票據，所以是籌資活動。

21. 清償公司債之利益已在籌資活動中的現金流量內認列，但淨利將清償公司債利益計入，為了避免重複計算，應該從來自營業活動的淨利中予以減除。

22. 最能衡量企業繼續經營能力的資訊，應該是來自營業活動之現金流量。

23. 直接法計算來自營業活動現金流量僅以營業行為產生的現金收入與現金支付，無法直接評估本期損益兩者間之差異原因。

24. 在直接法之下，處分損失不需列入現金流量，因非營業現金流量。
在間接法之下，處分損失應列為營業現金流量的加項調整，因為在投資活動已算過一次了。

25. 銷貨收入 − 銷貨成本 − 營業費用 = 100,000 − 50,000 − 20,000 = 30,000，
稅的支出：(30,000 − 10,000) × 17% = 3,400，

現金流入 = 30,000 – 3,400 = 26,600。

26. 20,000 + 10,000 + 4,000 = 34,000，
34,000 – 30,000 = 4,000（出售利益）。

27. 來自營業活動之淨現金 = 淨利 – 應付公司債溢價攤銷 + 折舊費用 – 應收帳款增加 – 備抵呆帳減少數 = 30,000 – 1,000 + 2,000 – 10,000 – 4,000 = 17,000。

28. 折舊費用並未使現金流出，故直接法不計入，間接法則從營業活動的淨利中加回。

29. 依權益法認列之投資收益，分錄如下：

$$\begin{cases} 長期投資 & \times\times\times \\ \quad 投資效益 & \times\times\times \end{cases}$$，並未增加現金的流入，應從淨利中減除。

30. 以間接法編製的現金流量表中，應單獨揭露利息支付金額與所得稅支付金額。

31. 處分土地分錄：$\begin{cases} 土地 & 4,000 \\ \quad 現金 & 3,500 \\ \quad 附息票據 & 500 \end{cases}$，故投資活動的現金流入為 4,000。

32. 分錄為：$\begin{cases} 現金 & 350,000 \\ 累計折舊 & 250,000 \\ \quad 不動產、廠房及設備 & 500,000 \\ \quad 處分利益 & 100,000 \end{cases}$，處分利益從營業活動中減 100,000 投資活動的現金流入 350,000。

33. 分錄如下：$\begin{cases} 土地 & 1,000,000 \\ \quad 現金 & 400,000 \\ \quad 附息票據 & 600,000 \end{cases}$，屬於投資活動現金流出 400,000。

34. 舉借負債、償還負債及股東權益的變動乃籌資活動。買回庫藏股票乃股東權益的變動，故為籌資活動。

35. 購買不動產，廠房及設備乃投資活動的現金流出，借入長期負債乃籌資

活動的現金流入，應計費用增加，將使營業活動的現金流入。

36. 舉借負債、償還負債及股東權益的變動乃籌資活動。償還短期借款乃籌資活動的現金流出。

37. 舉借負債、償還負債及股東權益的變動乃籌資活動。買回庫藏股票乃股東權益的變動故為籌資活動。

38. 哥倫比亞公司：$\left\{\begin{array}{ll}\text{現金} & 5,000,000 \\ \text{應付公司債} & 5,000,000\end{array}\right.$，屬於籌資活動的現金流入。

鳳凰城公司：$\left\{\begin{array}{ll}\text{長期投資—公司債} & 5,000,000 \\ \text{現金} & 5,000,000\end{array}\right.$，屬於投資活動的現金流出。

39. 利息費用付現列營業活動現金流出，若用籌資活動例如發行公司債，所產生的利息費用可列為籌資活動。

40. 自由現金流量＝收入－費用－投資。

Chapter 15

財務報表分析

打 v 的，表示資金提供者重視的財務報表特徵：

特徵 資金提供者	流動性	獲利能力	長期償債能力
短期債權人	v		
長期債權人		v	v
股東		v	v

15-2 比較的基礎

　　如何比較？比較時要先設定一個標準，將實際狀況與設定的標準作比較。有三種比較方式：

　　1. 個別公司以不同期間作比較，比較的標準稱為基期。

　　2. 個別公司與產業平均作比較，比較的標準就是產業平均。

　　3. 個別公司與其他公司作比較，比較的標準就是其他公司。

15-3 財務報表分析的工具

常用的工具有三種：

1. 水平分析：水平分析也稱為「趨勢分析」，它是就財務報表以同一科目在連續的期間，比較金額的增減或成長率。

2. 垂直分析：垂直分析也稱為「共同比分析」，以報表某一個項目的金額當作標準，用該標準除上其他科目，分析資產負債表時，我們會以總資產當標準（分母項）。分析損益表時，我們會以銷貨淨額當標準（分母項）。

3. 比率分析：依照所定義的比率，把財務報表的項目放在分子項與分母項，探討分子項或分母項的變動對該比率的影響。

15-4 水平分析

水平分析也稱為趨勢分析，它是就財務報表以同一科目在連續的期間，比較金額的增減或成長率。而成長率的計算是：

$$當期成長率 = \frac{當期金額 - 基期金額}{基期金額}$$

例如：

丙公司兩年（2020 年與 2019 年）的比較資產負債表：

資產	2020 年	2019 年	2020 年增（減）	成長率
流動資產	12,000	15,000	(3,000)	(20%)
廠房資產	10,000	5,000	5,000	100%
無形資產	8,000	5,000	3,000	60%
資產總額	30,000	25,000	5,000	20%
負債與股東權益				
負債				
流動負債	2,000	5,000	(3,000)	(60%)
非流動負債	1,000	3,000	(2,000)	(67%)
負債合計	3,000	8,000	(5,000)	(62.5%)
股東權益				
普通股股本	19,000	11,000	8,000	72.7%
保留盈餘	8,000	6,000	2,000	33.3%
股東權益合計	27,000	17,000	10,000	58.8%
負債與股東權益總額	30,000	25,000	5,000	20%

註：$2020 年成長率 = \dfrac{2020 年金額 - 2019 年金額}{2019 年金額}$。

說明：

步驟一：計算每一會計科目的年度增減金額，增（減）金額 = 2020 年金額 － 2019 年金額。

步驟二：計算每一會計科目的成長率，

$$2020\text{ 年成長率} = \frac{2020\text{ 年金額} - 2019\text{ 年金額}}{2019\text{ 年金額}} \text{。}$$

步驟三：資產負債表是表示公司財務結構的組成，所以我們由會計恆等
式，資產＝負債＋股東權益分析，資產的增加是來自負債或
股東權益。

以上述步驟執行如下：

步驟一：計算「廠房資產」科目的年度增減金額，增（減）金額＝
2020 年金額 − 2019 年金額 ＝ 10,000 − 5,000 ＝ 5,000，比較
資產負債表內科目的年度增減金額仿此計算方式。

步驟二：計算「廠房資產」科目的成長率，

$$2020\text{ 年成長率} = \frac{2020\text{ 年金額} - 2019\text{ 年金額}}{2019\text{ 年金額}}$$

$$= \frac{10,000 - 5,000}{5,000} = 100\% \text{，}$$

比較資產負債表內科目的年度成長率仿此計算方式。

步驟三：就「廠房資產」科目而言，2020 年成長率為 100%，而非流
動負債減少 67%，股東權益增加 58.8%，其中普通股股本僅
增加 72.7%，保留盈餘則增加 33.3%，我們可以推論廠房資產
的增加應該來自保留盈餘的增加，而非來自非流動負債。

丙公司兩年（2020 年與 2019 年）的比較損益表：

	2020 年	2019 年	2020 年增（減）	百分比
銷貨收入	43,000	20,000	23,000	115%
銷貨退回與折讓	1,000	1,500	(500)	(33.3%)
銷貨淨額	42,000	18,500	23,500	127%
銷貨成本	26,000	9,000	17,000	189%
銷貨毛利	16,000	9,500	6,500	68%
銷售費用	700	400	300	75%
管理費用	300	500	(200)	(40%)
總營業費用	1,000	900	100	11%
營業淨利	15,000	8,600	6,400	74%
其他收益及費損	900	700	200	28.5%
利息及股利	400	500	(100)	(20%)
利息費用	150	200	(50)	(25%)
稅前淨利	16,150	9,600	6,550	146%
所得稅費用 (20%)	3,232	1,920	1,312	68.3%
淨利	12,920	7,680	5,240	68.2%

說明：

步驟一：計算每一會計科目的年度增減金額，增（減）金額 = 2020 年
金額 − 2019 年金額。

步驟二：計算每一會計科目的成長率，

$$2020 \text{ 年成長率} = \frac{2020 \text{ 年金額} - 2019 \text{ 年金額}}{2019 \text{ 年金額}} 。$$

步驟三：損益表是表示公司在某一段期間的經營成果，所以哪些項目會
影響淨利成長率的增減，就是我們分析的重點了。

以上述步驟執行如下：

步驟一：計算「淨利」科目的年度增減金額，增（減）金額 = 2020 年
金額 − 2019 年金額 = 12,920 − 7,680 = 5,240，比較損益表內

科目的年度增減金額仿此計算方式。

步驟二：計算「淨利」科目的成長率，

$$2020 \text{ 年成長率} = \frac{2020 \text{ 年金額} - 2019 \text{ 年金額}}{2019 \text{ 年金額}}$$

$$= \frac{12{,}920 - 7{,}680}{7{,}680} = 68.2\%，$$

比較損益表內科目的年度成長率仿此計算方式。

步驟三：銷貨毛利增加 68%，而總營業費用增加 11%，但是營業淨利增加 74%，表示來自本業的淨利是增加的，再考量業外收益與費用後的淨利即稅前淨利則增加 146%，該公司連續兩年的獲利是增加且成長的。

15-5　垂直分析

　　垂直分析也稱為共同比分析，以報表某一個科目的金額當作標準，用該標準除上其他科目，分析資產負債表時，我們會以總資產當標準（分母項）。分析損益表時，我們會以銷貨淨額當標準（分母項）。垂直分析可以表示某一會計科目占總資產（或銷貨淨額）的比率大小，也可以將某一會計科目占總資產（或銷貨淨額）的比率作不同期間的比較。

　　例如：

　　丙公司兩年（2020 年與 2019 年）的比較資產負債表

資產	2020 年	百分比	2019 年	百分比
流動資產	12,000	40%	15,000	60%
廠房資產	10,000	33%	5,000	20%
無形資產	8,000	26%	5,000	20%
資產總額	30,000	100%	25,000	100%
負債與股東權益				
負債				
流動負債	2,000	6%	5,000	20%
非流動負債	1,000	3%	3,000	12%
負債合計	3,000	10%	8,000	32%
股東權益				
普通股股本	19,000	63%	11,000	44%
保留盈餘	8,000	26%	6,000	24%
股東權益合計	27,000	90%	17,000	68%
負債與股東權益總額	30,000	100%	25,000	100%

　　說明：

　　步驟一：資產負債表是以總資產當分母項，而其他會計科目當分子項，
　　　　　　計算出比率。

　　步驟二：以會計恆等式，資產 = 負債 + 股東權益，討論在不同期間該
　　　　　　比率的變化。

以上述步驟執行如下：

步驟一：資產負債表是以總資產當分母項，「廠房資產」科目當分子項，

$$計算出比率 = \frac{10,000}{30,000} = 33\%，$$

比較資產負債表其他比率的計算仿照此方式。

步驟二：「廠房資產」科目在 2019 年占總資產的比率是 20%，而 2020 年上升為 33%，「保留盈餘」科目在 2019 年占總資產的比率是 24%，而 2020 年上升為 26%，至於「非流動負債」科目在 2019 年占總資產的比率是 12%，而 2020 年下降為 3%，表示廠房資產的增加應該來自保留盈餘的增加，而非來自非流動負債。

丙公司兩年（2020 年與 2019 年）的比較損益表：

	2020 年	百分比	2019 年	百分比
銷貨收入	43,000	1.02%	20,000	108.1%
銷貨退回與折讓	1,000	2%	1,500	8.1%
銷貨淨額	42,000	100%	18,500	100%
銷貨成本	26,000	61.9%	9,000	48.6%
銷貨毛利	16,000	38%	9,500	51.3%
銷售費用	700	1.6%	400	2.1%
管理費用	300	0.7%	500	2.7%
總營業費用	1,000	2.3%	900	4.86%
營業淨利	15,000	35.7%	8,600	46.4%
其他收益及費損	900	2.14%	700	3.78%
利息及股利	400	0.9%	500	2.70%
利息費用	150	0.357%	200	1.08%
稅前淨利	16,150	38.4%	9,600	51.89%
所得稅費用	3,232	7.69%	1,920	10.3%
淨利	12,920	30.76%	7,680	41.5%

說明：

步驟一：損益表是以銷貨淨額當分母項，而其他會計科目當分子項，計算出比率。

步驟二：損益表是表示公司在某一段期間的經營成果，所以哪些項目會影響淨利成長率的增減，就是我們分析的重點了。

以上述步驟執行如下：

步驟一：計算「淨利」科目的比率，

$$2020 \text{ 年淨利占銷貨淨額的比率} = \frac{12,920}{42,000} = 30.76\%,$$

比較損益表其他比率的計算仿照此方式。

步驟二：在 2019 年至 2020 年銷貨毛利占銷貨淨額的比率由 51.3% 下降至 38%，而總營業費用占銷貨淨額的比率由 4.86% 下降至 2.3%，但是營業淨利占銷貨淨額的比率由 46.4% 下降至 35.7%，表示來自本業的淨利是減少的，稅前淨利占銷貨淨額的比率由 51.89% 下降至 38.4%，該公司連續兩年的獲利是衰退的。

15-6　比率分析

所謂的比率是寫成：比率 $= \dfrac{分子}{分母}$，我們依照所定義的比率，把財務報表的項目放在分子項與分母項，探討分子項或分母項的變動對該比率的影響。

一、短期償債能力

短期償債能力的比率為流動比率、酸性測試比率、應收帳款周轉率與存貨周轉率。

△流動比率 $= \dfrac{流動資產}{流動負債}$。

用途：流動比率 (current ratio) 是評估公司流動性與短期償債能力時廣為使用的一個指標。

意義：一元的流動負債有多少流動資產可以用來清償，該比率越高表示流動負債的清償能力越好。

✎考題範例

償還應付帳款將使流動比率：
(A) 增加　(B) 減少　(C) 不變　(D) 不一定。　　　　【108-3】【109-3】
解：(D)。
假設用現金 20 支付應付帳款 20，則分錄為：

$\begin{cases} 應付帳款 & 20 \\ \quad 現金 & \quad 20 \end{cases}$，以下分成三種情況來討論：

情況 1
假設流動資產為 120，流動負債為 100，則

流動比率 $= \dfrac{120}{100} = 1.2$，若以現金 20 支付應付帳款 20，

則流動比率 = $\dfrac{120-20}{100-20}$ = 1.25（增加）。

情況 **2**

假設流動資產為 100，流動負債為 100，則

流動比率 = $\dfrac{100}{100}$ = 1，若以現金 20 支付應付帳款 20，

則流動比率 = $\dfrac{100-20}{100-20}$ = 1.0（不變）。

情況 **3**

假設流動資產為 100，流動負債為 120，則

流動比率 = $\dfrac{100}{120}$ = 0.83，若以現金 20 支付應付帳款 20，

則流動比率 = $\dfrac{100-20}{120-20}$ = 0.8（減少）。

　解題要領：考比率分析最常見的方式是直接給數字資訊，直接求算該比率，這只要把數字套入所定義的公式就解決了。另一種考法是詢問某一交易發生對該比率的影響？作法是先把交易分錄寫出來，再針對該比率所組成的會計科目設算整數金額，如同上面的實例所設算的數字一般，這樣就可以選出正確答案了。

　　△速動比率（或稱酸性測試比率）= $\dfrac{速動資產}{流動負債}$。

　式中：速動資產 = 流動資產 – 存貨 – 預付費用。

　用途：酸性測驗（速動）比率 (acid-test(quick)ratio) 可衡量公司立即的短期流動性。

　意義：一元的流動負債有多少速動資產可以用來清償，該比率越高表示流動負債的清償能力越好。

考題範例

　志學公司 109 年底有現金 $200,000、應收帳款 $400,000、流動負債 $600,000，另有以下資料：商品存貨 – （成本）$400,000、（市價）

$360,000。該公司之速動比率為：

(A)2.00　(B)1.67　(C)1.60　(D)1.00。　　　　　　　　　【110-2】

解：(D)。

速動資產 = 200,000 + 400,000 = 600,000，已知流動負債 = 600,000，

速動比率 = $\dfrac{\text{速動資產}}{\text{流動負債}} = \dfrac{600,000}{600,000} = 1$。

📝 **考題範例**

吉安公司的流動比率為 1，若該公司的流動負債為 $90,000，流動資產有現金、應收帳款及存貨，其平均庫存存貨值為 $10,000，則酸性比率（速動比率）應為何？

(A)0.89　(B)1　(C)1.25　(D)1.33。　　　　　　　　　【108-3】

解：(A)。

已知流動比率 = 1，速動資產 = 90,000 – 10,000 = 80,000，速動比率

$= \dfrac{\text{速動資產}}{\text{流動負債}} = \dfrac{80,000}{90,000} = 0.89$，流動負債 = 90,000，故流動資產 = 90,000。

$$\triangle \text{存貨周轉率} = \frac{\text{銷貨成本}}{\text{平均存貨}} = \frac{\text{銷貨成本}}{\dfrac{\text{期初存貨} + \text{期末存貨}}{2}}。$$

用途：存貨周轉率 (inventory turnover) 衡量存貨在期間內的平均出售次數，其目的在於衡量存貨的流動性。

意義：每次準備的存貨，銷售完後（即轉成銷貨成本）再準備相同金額的存貨再出售，周而復始，則全年應準備幾次的存貨，該比率是越高越好。

$$\text{存貨平均銷售天數} = \frac{365 \text{ 天}}{\text{存貨周轉率}}。$$

意義：存貨轉換成銷貨成本的天數，該天數是越短越好。

📝 **考題範例**

公司期初存貨餘額 $80,000，期末存貨餘額 $100,000，平均存貨銷售

天數為 40 天（一年 360 天），則銷貨成本為：

(A)$1,620,000 (B)$720,000 (C)$900,000 (D)$810,000。　【110-3】

解：(D)。

$$存貨周轉平均天數 = \frac{360\ 天}{存貨周轉率}，40 = \frac{360\ 天}{存貨周轉率}，存貨周轉率 =$$

$$\frac{銷貨成本}{平均存貨}，9 = \frac{銷貨成本}{\dfrac{80,000+100,000}{2}}，得銷貨成本為 810,000。$$

考題範例

武塔公司本年度存貨周轉率比上期增加許多，可能的原因為：

(A) 本年度存貨採零庫存制　(B) 本年度因存貨過時認列鉅額的存貨跌價損失　(C) 產品製造時程縮短　(D) 選項 (A)、(B)、(C) 都是可能的原因。

【108-4】

解：(D)。

存貨周轉率上升，即平均存貨下降。

$$\triangle 應收帳款周轉率 = \frac{銷貨收入（賒銷金額）}{平均應收帳款}$$

$$= \frac{銷貨收入（賒銷金額）}{\dfrac{期初應收帳款+期末應收帳款}{2}}。$$

該比率越高越好。

用途：應收帳款周轉率是衡量公司應收帳款在期間內的平均收款次數。

意義：每次發生賒銷產生的應收帳款，收現後再銷貨下一批次，又再發生相同的應收帳款，周而復始，則全年總共銷貨幾次，如果次數越多，表示很快就收現並再銷貨下一批次，所以該比例越高表示應收帳款收現的效率越高。

$$平均收現期間 = \frac{365\ 天}{應收帳款周轉率}。$$

意義：應收帳款收現的時間，該天數越低越好。

在公司營業呈穩定狀況下，應收帳款周轉天數的減少表示：

(A) 公司實施降價促銷措施　(B) 公司給予客戶較長的折扣期間及賒欠期限

(C) 公司之營業額減少　(D) 公司授信政策轉嚴。　　　【108-4】【110-1】

解：(D)。

應收帳款周轉天數減少，即應收帳款周轉率上升，表示平均應收帳款淨額下降，可能的原因是公司授信政策轉嚴。

二、獲利能力比率

公司用來衡量獲利能力的比率有淨利率、總資產報酬率、普通股權益報酬率、每股盈餘、本益比與股利支付率等。

$$\triangle 淨利率 = \frac{稅後淨利}{銷貨淨額}。$$

意義：又稱為純益率或銷貨利潤邊際，衡量公司每一元的銷貨中，可賺取多少稅後淨利。

例如：丙公司在2020年的稅後淨利是263,800，銷貨淨額是2,097,000，

則 $淨利率 = \dfrac{稅後淨利}{銷貨淨額} = \dfrac{263,800}{2,097,000} = 12.6\%。$

$$\triangle 總資產報酬率 = \frac{稅後淨利}{平均資產總額}。$$

意義：衡量公司運用總資產創造淨利的能力，若該比率越大表示公司的獲利能力越佳，經營績效越好。

例如：丙公司在2019年總資產是1,595,000，在2020年總資產是1,835,000，在2020年的稅後淨利是263,800，則總資產報酬率

$$= \frac{263,800}{\dfrac{1,595,000 + 1,835,000}{2}} = 15.4\%。$$

$$\triangle 普通股權益報酬率 = \frac{稅後淨利 - 特別股股利}{平均普通股權益}。$$

意義：衡量公司為普通股股東創造稅後純益的能力，即每一元普通股權益可創造多少稅後純益。

例如：丙公司在 2019 年股東權益是 795,000，在 2020 年股東權益是 1,003,000，在 2020 年的稅後淨利是 263,800，則普通股權益報酬率 =

$$\frac{稅後淨利 - 特別股股利}{平均普通股權益} = \frac{263,800}{\frac{795,000 + 1,003,000}{2}} = 29.3\%。$$

$$\triangle 總資產周轉率 = \frac{銷貨收入淨額}{平均資產總額}。$$

意義：每次投入的資產總額，產生銷貨收入後再準備相同金額的資產總額再投入，周而復始，則全年應準備幾次的資產總額，該比率是越高越好。

例如：丙公司在 2019 年總資產是 1,595,000，在 2020 年總資產是 1,835,000，在 2020 年的銷貨收入淨額是 2,097,000，則總資產周轉率

$$= \frac{2,097,000}{\frac{1,595,000 + 1,835,000}{2}} = 1.2。$$

△本益比

意義：本益比是衡量每股普通股市價對每股盈餘的比率，它是反應投資者對公司未來盈餘表現的評估。

$$本益比 = \frac{每股市價}{每股盈餘}。$$

運用：可以利用已知的本益比（公司歷史平均或是產業平均）與今年的預計每股盈餘，計算出目前合理的股價。

例如：甲公司歷年來本益比平均為 15，預計今年每股盈餘為 2 元，則該公司股票目前每股市價為 35 元，請問是否值得買進？

說明：由本益比 $= \frac{每股市價}{每股盈餘}$，$15 = \frac{每股市價}{2}$，得：每股市價 = 30，

即合理股價應該為 30，而目前市價為 35，表示偏高了不值得買進。

△股利支付率

意義：股利支付率是衡量盈餘以現金股利形式發放所占的比例。

$$股利支付率 = \frac{普通股宣告的現金股利}{淨利}。$$

運用：通常產業成熟的公司，獲利穩定有穩定的營收，比較會發放現金股利給股東，反之，產業具成長性的公司，通常有較低的股利支付率，因為這些公司將大部分的淨利再投入公司的經營。

例如：乙公司今年的淨利是 200,000，發放現金股利為 50,000，而該產業平均的股利支付率為 16%，則該公司的股利支付率是否高於產業平均？

$$說明：股利支付率 = \frac{普通股宣告的現金股利}{淨利} = \frac{50,000}{200,000} = 0.25，產業$$

平均的股利支付率為 16%，故該公司的股利支付率高於產業平均。

三、長期償債能力

長期債權人最關心的是公司對利息支付的能力，與債務到期的本金償還能力。用來衡量企業長期償債能力的比率有利息保障倍數與負債比率。

$$△負債比率 = \frac{負債總額}{資產總額}。$$

意義：公司每一元的資金來源，有多少百分比是以負債方式取得。這個比率如果很高，表示企業舉債程度很高，每期要負擔固定的利息費用，甚至到期時需還本金，這也是債權人最關心的地方。

考題範例

淨值為正之企業，收回公司債產生損失，將使負債比率：

(A) 提高　(B) 降低　(C) 不變　(D) 不一定。　　　　　【110-1】

解：(D)。

$$令原負債比率 = \frac{負債}{總資產} = \frac{50}{100} = 0.5，假設負債 = 50，總資產 =$$

100，收回公司債產生損失，表示支付的現金大於負債，現金支付就是總資

產的減少，應付公司債減少就是負債減少，再區分成三種情況來討論：

情況 1：

應付公司債減少 10，現金減少 20，則負債比率 = $\dfrac{50-10}{100-20}$ = 0.5，比率不變。

情況 2：

應付公司債減少 15，現金減少 20，則負債比率 = $\dfrac{50-15}{100-20}$ = 0.4，比率下降。

情況 3：

應付公司債減少 5，現金減少 20，則負債比率 = $\dfrac{50-5}{100-20}$ = 0.56，比率上升。

△利息保障倍數 = $\dfrac{\text{EBIT（息前稅前淨利）}}{\text{利息費用}}$ = $\dfrac{\text{稅前淨利 + 利息費用}}{\text{利息費用}}$ = $\dfrac{\text{稅後淨利 ÷（1 - 稅率）+ 利息費用}}{\text{利息費用}}$。該倍數是越高越好。

意義：公司保障支付利息的能力，倍數越高表示公司保障支付利息的能力也越高，對債權人較有保障。

📝**考題範例**

瑞源公司 108 年度稅前純益 \$45,000，所得稅率 25%，利息費用 \$5,000，請問瑞源公司利息保障倍數為何？

(A)8.5　(B)10　(C)5.63　(D) 選項 (A)、(B)、(C) 皆非。　　　【110-1】

解：(B)。

利息保障倍數 = $\dfrac{\text{稅前淨利 + 利息費用}}{\text{利息費用}}$ = $\dfrac{45,000 + 5,000}{5,000}$ = 10。

一張完整「綜合損益表」的內容說明：

銷貨淨額		5,000
銷貨成本		(3,000)
銷貨毛利		2,000
營業費用		(1,000)
營業淨利		1,000
其他收入及利益		700
其他費用及損失		(600)
稅前淨利		1,100
所得稅費用		(220)
繼續營業單位淨利		880
停業單位[1]		
×××部門營業損失（稅後淨額）	(300)	
×××部門處分利益（稅後淨額）	200	(100)
淨利		780
其他綜合淨利[2]		
非交易目的未實現利益（稅後淨額）		320
綜合淨利		1,100

說明：

綜合損益表的組成 = 淨利的組成 + 其他綜合淨利。

淨利的組成 = 繼續營業單位淨利 + 停業單位。

【1】停業單位損益 = ×××部門營業損益（稅後淨額）+ ×××部門處分損益（稅後淨額）。

【2】其他綜合淨利項下：「非交易目的未實現利益（稅後淨額）」，同時期末要結轉到股東權益項下：「累計其他綜合損益」，若處分該金融商品時才把「累計其他綜合損益」結轉到「保留盈餘」

內。

若「交易目的未實現利益（稅後淨額）」則在當期列入「其他收入及費損」內，即列入當期淨利計算。

（　）1. 知本公司 X6 年淨利 $6,000,000，流通在外普通股 1,200,000 股，
年底每股市價 $65，則本益比為若干？
(A)5　　　　　　　　　　　(B)13
(C)10　　　　　　　　　　 (D)12。　　　　　　　【普 110-2】

（　）2. 南州公司的本益比為 15 倍，權益報酬率為 12%，則其市價淨值
比為：
(A)0.2　　　　　　　　　　(B)0.9
(C)1.5　　　　　　　　　　(D)1.8。
　　　　　　　　　　　　　　　　　【普 108-1】【普 109-3】

（　）3. 已知曉臣公司股價每股 $52，每股股利 $2，每股帳面金額 $46，
每股盈餘 $4，請問曉臣公司的本益比為？
(A)12 倍　　　　　　　　　(B)16 倍
(C)8 倍　　　　　　　　　 (D)13 倍。
　　　　　　　　　　　　【普 109-1】【普 109-3】【普 109-4】

（　）4. 財務比率分析並未分析下列公司何項財務特質？
(A) 流動能力與變現性　　　(B) 獲利能力的速度
(C) 購買力風險　　　　　　(D) 槓桿係數。　　【普 109-1】

（　）5. 本益比可作下列何種分析？
(A) 獲利能力分析　　　　　(B) 投資報酬率分析
(C) 短期償債能力分析　　　(D) 資金運用效率分析。
　　　　　　　　　　　　　　　　　　　　　　　【普 109-1】

（　）6. 下列何者通常並非財務報告分析人員常用的工具？
(A) 趨勢分析　　　　　　　(B) 隨機抽樣分析
(C) 共同比分析　　　　　　(D) 比較分析。　　【普 108-2】

（　）7. 下列何者為動態分析？

(A) 同一報表科目與類別的比較　(B) 不同期間報表科目互相比較

(C) 同一科目數字上的結構比較　(D) 比率分析。　　【普 109-3】

(　　) 8. 連續多年或多期財務報表間，相同項目或科目增減變化之比較分析，稱為：

(A) 水平分析　　　　　　　　(B) 垂直分析

(C) 共同比分析　　　　　　　(D) 比率分析。　　【普 108-4】

(　　) 9. 雙溪公司在共同比財務分析中，若比較基礎為損益表者，應以何項目作為 100%？

(A) 稅前淨利　　　　　　　　(B) 銷貨成本

(C) 銷貨淨額　　　　　　　　(D) 銷貨折讓與退回。

【普 108-3】【普 110-3】

(　　) 10. 共同比 (Common-size) 財務報表中會選擇一些項目作為 100%，這些項目通常包括：甲、總資產；乙、權益；丙、銷貨總額；丁、銷貨淨額

(A) 甲和丙　　　　　　　　　(B) 甲和丁

(C) 乙和丙　　　　　　　　　(D) 乙和丁。

【普 108-4】【普 109-3】

(　　) 11. 共同比 (Common-size) 分析是屬於何種分析？甲、趨勢分析；乙、結構分析；丙、靜態分析；丁、動態分析

(A) 乙和丙　　　　　　　　　(B) 甲和丁

(C) 甲和丙　　　　　　　　　(D) 乙和丁。　　【普 110-2】

(　　) 12. 一比率欲於財務分析時發揮用途，則：

(A) 此比率必須大於 2 年

(B) 此比率必可與某些基年之比率比較

(C) 用以計算比率之二數額皆必須以金額表示

(D) 用以計算比率之二數額必須具備邏輯上之關係。

【普 111-1】

(　　) 13. 下列何者為比較財務報表分析的限制？

(A) 前後兩期營業性質不同無法比較

(B) 前後兩期會計方法不一致無法比較

(C) 前後兩期物價水準不一致無法比較

(D) 選項 (A)、(B)、(C) 皆是。　　　　　　　　【普 110-2】

（　）14. 企業編製財務預測時採用的「基本假設」，是指企業針對關鍵因素未來發展的何種結果所作的假設？

(A) 最樂觀的結果　　　　　　　(B) 最悲觀的結果

(C) 最可能的結果　　　　　　　(D) 和最近一期相同的結果。

【普 108-4】【普 110-1】

（　）15. 下列何者對速動比率無任何影響？

(A) 宣告現金股利　　　　　　　(B) 支付前所宣告的現金股利

(C) 沖銷壞帳　　　　　　　　　(D) 以成本價賒銷出售存貨。

【普 109-4】

（　）16. 公司賒購存貨將使速動比率：

(A) 增加

(B) 減少

(C) 不變

(D) 視原來速動比率是否大於 1 而定。　　　　　【普 109-2】

（　）17. 志學公司 109 年底有現金 $200,000，應收帳款 $400,000，流動負債 $600,000，另有以下資料：商品存貨－（成本）$400,000、（市價）$360,000。該公司之速動比率為：

(A)2.00　　　　　　　　　　　(B)1.67

(C)1.60　　　　　　　　　　　(D)1.00。　　　　　【普 110-2】

（　）18. 償還應付帳款將使流動比率：

(A) 增加　　　　　　　　　　　(B) 減少

(C) 不變　　　　　　　　　　　(D) 不一定。

【普 108-3】【普 109-3】

（　）19. 下列何者是測驗一企業短期償債能力之最佳比率？

(A) 速動比率　　　　　　　　　　(B) 普通股每股盈餘

(C) 本益比　　　　　　　　　　　(D) 純益比。　　　【普 109-1】

（　　）20. 下列何項作法可增加流動比率（假設目前為 1.3）？

(A) 以發行長期負債所得金額償還短期負債

(B) 應收款項收現

(C) 以現金購買存貨

(D) 賒購存貨。　　　　　　　　　【普 110-1】【普 111-1】

（　　）21. 吉安公司的流動比率為 1，若該公司的流動負債為 $90,000，流動資產有現金、應收帳款及存貨，其平均庫存存貨值為 $10,000，則酸性比率（速動比率）應為何？

(A)0.89　　　　　　　　　　　　(B)1

(C)1.25　　　　　　　　　　　　(D)1.33。　　　　【普 108-3】

（　　）22. 酸性測驗比率係指：

(A) 流動資產／流動負債

(B) 速動資產／流動負債

(C)（現金及約當現金）／流動負債

(D) 存貨／流動負債。　　【普 108-1】【普 108-3】【普 110-3】

（　　）23. 冬山公司之流動比率 2.5，營運資金淨額 $120,000，則其流動資產為何？

(A)$120,000　　　　　　　　　　(B)$150,000

(C)$180,000　　　　　　　　　　(D)$200,000。　　【普 108-1】

（　　）24. 下列何項目不屬於衡量短期償債能力之指標？

(A) 變現力指數　　　　　　　　　(B) 負債比率

(C) 速動比率　　　　　　　　　　(D) 流動比率。

【普 108-2】【普 110-1】

（　　）25. 下列何者非造成存貨周轉率很高的原因？

(A) 原料短缺　　　　　　　　　　(B) 產品需求提高

(C) 存貨不足　　　　　　　　　　(D) 存貨積壓過多。

【普 108-1】【普 110-3】【普 111-1】

（　）26. 存貨周轉率係測試存貨轉換為下列何種項目的速度？
(A) 銷貨收入　　　　　　　　(B) 銷貨淨額
(C) 製造成本　　　　　　　　(D) 銷貨成本。　　　【普 110-3】

（　）27. 公司期初存貨餘額 \$80,000，期末存貨餘額 \$100,000，平均存
貨銷售天數為 40 天（一年 360 天），則銷貨成本為：
(A)\$1,620,000　　　　　　　(B)\$720,000
(C)\$900,000　　　　　　　　(D)\$810,000。　　　【普 110-3】

（　）28. 在公司營業呈穩定狀況下，應收帳款周轉天數的減少表示：
(A) 公司實施降價促銷措施
(B) 公司給予客戶較長的折扣期間及賒欠期限
(C) 公司之營業額減少
(D) 公司授信政策轉嚴。【普 108-4】【普 109-3】【普 110-1】

（　）29. 東澳公司的存貨周轉天數為 50 天，應收帳款周轉天數為 70 天，
應付帳款周轉天數為 40 天，則東澳公司的淨營業循環為幾天？
(A)120 天　　　　　　　　　(B)40 天
(C)80 天　　　　　　　　　　(D)160 天。　　　【普 109-4】

（　）30. 和平公司的存貨平均銷售期間為 30 天，應收帳款平均收帳期間
為 16 天，應付帳款周轉天數為 22 天，則和平公司的營業循環為
幾天？
(A)68 天　　　　　　　　　　(B)46 天
(C)42 天　　　　　　　　　　(D)40 天。

【普 108-1】【普 108-2】【普 108-3】
【普 109-3】【普 110-1】【普 110-3】

（　）31. 永樂公司存貨周轉率為 6，應收帳款周轉率為 12，假設一年以
360 天計算，永樂公司的「營業循環週期」為：
(A)30 天　　　　　　　　　　(B)45 天
(C)60 天　　　　　　　　　　(D)90 天。　　　【普 111-1】

（　）32. 某公司 X7 年淨利 \$87,000，稅率 50%，唯一負債為 6% 公司債，

面額 $100,000，全年流通在外，平均權益為 $900,000，則權益報酬率為何？

(A)9.67%   (B)9.33%

(C)4.84%   (D)4.50%。   【普 108-4】

（　）33. 宣告現金股利對總資產報酬率之影響為：

(A) 增加   (B) 減少

(C) 不變   (D) 不一定。

【普 108-4】【普 110-2】

（　）34. 某公司的負債利率為 10%，公司的總資產報酬率為 6%，則該公司增加負債將：

(A) 降低權益報酬率   (B) 增加權益報酬率

(C) 權益報酬率不變   (D) 不一定。

【普 108-2】【普 109-1】

（　）35. 假設芊芊公司 X1 年底平均資產總額為 $2,800,000，平均負債總額為 $1,600,000，利息費用為 $140,000，所得稅率為 20%，總資產報酬率為 12%，則權益報酬率為何？

(A)12.00%   (B)13.33%

(C)10.56%   (D)18.67%。

【普 109-1】【普 109-2】【普 109-3】

（　）36. 下列何者可作為公司分配股利能力之指標？

(A) 淨利占資產總額之比率   (B) 淨利占銷貨之比率

(C) 淨利占淨值之比率   (D) 淨利占資本額之比率。

【普 111-1】

（　）37. 淨值為正之企業，收回公司債產生損失，將使負債比率：

(A) 提高   (B) 降低

(C) 不變   (D) 不一定。   【普 110-1】

（　）38. 下列何者非為資本結構比率？

(A) 負債比率

(B) 權益比率

(C) 不動產、廠房及設備對權益比率

(D) 財務槓桿指數。 【普 108-4】

( ) 39. 以發行股票償還長期負債會使負債比率：

(A) 降低 (B) 提高

(C) 不變 (D) 視原負債比率之高低而定。

【普 109-2】

( ) 40. 將公司債轉換為普通股將使利息保障倍數：

(A) 降低 (B) 提高

(C) 不變 (D) 依時間遞減。 【普 110-3】

( ) 41. 下列何者非為評估企業長期償債能力應考慮之因素？

(A) 資產結構 (B) 存貨周轉率

(C) 資本結構 (D) 獲利能力。 【普 110-1】

( ) 42. 某公司相關資料如下：流動負債 20 億元、非流動負債 50 億元、流動資產 50 億元、非流動資產 50 億元，則該公司的負債比率為何？

(A)50% (B)60%

(C)70% (D)80%。 【普 109-3】

( ) 43. 瑞源公司 108 年度稅前純益 $45,000，所得稅率 25%，利息費用 $5,000，請問瑞源公司利息保障倍數為何？

(A)8.5 (B)10

(C)5.63 (D) 選項 (A)、(B)、(C) 皆非。

【普 110-1】

( ) 44. 財務槓桿指數大於 1，則：

(A) 表示普通權益報酬率小於總資產報酬率

(B) 舉債經營有利

(C) 負債比率大於 1

(D) 選項 (A)、(B)、(C) 皆是。

【普 108-1】【普 108-4】【普 109-1】

（　）45. 上月底東里科技在海外發行可轉換公司債 (ECB) 以籌措資金興建廠房，這對東里科技的財務比率將有何影響？
(A) 降低其自有資本比率
(B) 提高營業毛利率
(C) 提高不動產、廠房及設備周轉率
(D) 提高其本益比。　　　　　　　　　　　【普 110-1】

（　）46. 下列何項比率可用來衡量資本結構比率？甲、負債比率；乙、權益比率；丙、負債對權益比率
(A) 僅甲、乙　　　　　　　　　(B) 僅甲、丙
(C) 僅乙、丙　　　　　　　　　(D) 甲、乙、丙。　【普 111-1】

（　）47. 將信用條件由 1/10，n/30 改為 1/15，n/30，假設其他因素不變，則應收帳款周轉率將：
(A) 提高　　　　　　　　　　(B) 降低
(C) 不變　　　　　　　　　　(D) 無法判斷。　　【普 108-3】

（　）48. 在蘇澳公司的損益表中，處分企業停業單位所發生之損失是列於：
(A) 繼續營業單位稅前淨利之後，繼續營業單位淨利之前
(B) 繼續營業單位稅前淨利之繼前
(C) 本期損益之後，每股盈餘之前
(D) 繼續營業單位淨利之後，本期損益之前。

【高 108-1】【高 110-2】

（　）49. 以下哪一個會計科目，不可能在綜合損益表中出現？
(A) 普通股發行溢價　　　　　(B) 停業單位損益
(C) 銷貨退回與折讓　　　　　(D) 研究發展費用。

【高 110-1】

（　）50. 綜合損益表之主要組成分子如下：其正常順序如何？甲、每股盈餘；乙、繼續營業單位損益；丙、停業單位損益
(A) 甲－乙－丙　　　　　　　(B) 丙－乙－甲
(C) 乙－丙－甲　　　　　　　(D) 乙－甲－丙。　【高 109-2】

（　）51. 在分析財務報表時，債權人最終目的為：

(A) 了解企業未來的獲利能力

(B) 了解企業的資本結構

(C) 了解債務人是否有能力償還本息

(D) 了解企業過去的財務狀況。　　　　　　　【高 108-2】

（　）52. 趨勢分析最常用的基期是：

(A) 固定基期　　　　　　　　(B) 變動基期

(C) 最大基期　　　　　　　　(D) 平均基期。

【高 109-2】【高 110-2】

（　）53. 編製共同比 (Common-size) 損益表時：

(A) 每個損益表項目均以淨利的百分比表示

(B) 每個損益表項目均以基期金額的百分比表示

(C) 當季損益表項目的金額和以前年度同一季的相對金額比較

(D) 每個損益表項目以銷貨淨額的百分比表示。

【高 108-1】【高 109-1】

（　）54. 下列何項是屬於動態分析？

(A) 計算某一財務報表項目不同期間的金額變動

(B) 計算某一資產項目占資產總額的百分比

(C) 將某一財務比率與當年度同業平均水準比較

(D) 計算某一期間的總資產周轉率。　【高 108-4】【高 109-1】

（　）55. 下列何項不屬於動態分析？

(A) 絕對金額比較　　　　　　(B) 絕對金額增減變動比較

(C) 百分比變動比較　　　　　(D) 和同業平均水準比較。

【高 109-2】

（　）56. 對共同比財務報表分析的敘述，下列何者為非？

(A) 共同比資產負債表係以權益總額為總數

(B) 綜合損益表以銷貨淨額為總數

(C) 有助於了解企業之資本結構

(D) 適用於不同企業之比較。 【高 109-4】

( ) 57. 共同比 (Common-size) 損益表是以哪一個項目金額為 100%？
(A) 本期淨利 (B) 銷貨總額
(C) 銷貨淨額 (D) 賒銷總額。 【高 110-1】

( ) 58. 編製共同比財務報表係屬下列何種分析？
(A) 趨勢分析 (B) 比率分析
(C) 靜態分析 (D) 比較分析。
【高 108-1】【高 110-2】

( ) 59. 下列哪一報表通常不作共同比分析？
(A) 資產負債表 (B) 現金流量表
(C) 綜合損益表 (D) 選項 (A)、(B)、(C) 皆非。
【高 109-1】

( ) 60. 在比率分析中，與同業平均比率比較時，應注意：
(A) 產業平均值內是否有多角化經營公司
(B) 產業平均值是否包括不具代表性、情況異常之公司
(C) 產業平均值內各個公司會計制度
(D) 選項 (A)、(B)、(C) 皆是。 【高 108-4】【高 109-1】

( ) 61. 假設流動比率原為 1.50，下列何種作法可使其增加？
(A) 以發行長期負債所得金額償還短期負債
(B) 應收款項收現
(C) 以現金購買存貨
(D) 賒購存貨。 【高 108-1】【高 109-2】

( ) 62. 石川公司提列應收帳款之備抵損失 $20,000，沖銷無法收回之帳
款 $6,000，並提列存貨跌價損失 $2,500，上述交易將使石川公
司速動資產減少：
(A)$20,000 (B)$26,000
(C)$28,500 (D)$22,500。 【高 108-4】

（　）63. 群馬公司速動比率為 1.5，存貨占流動資產的 1/5，無預付費用
及其他流動資產，流動負債為 $600,000，則該公司之流動資產
為若干？
(A)$1,125,000　　　　　　　　(B)$900,000
(C)$875,000　　　　　　　　(D)$750,000。
【高 108-1】【高 108-3】【高 110-1】

（　）64. 哈利企業償還進貨帳款時獲得 20% 之折扣，將使流動比率：
(A) 增加　　　　　　　　　(B) 減少
(C) 無影響　　　　　　　　(D) 不一定。　　　【高 109-1】

（　）65. 流動比率大於 1 時，償還應付帳款將使流動比率：
(A) 增加　　　　　　　　　(B) 減少
(C) 不變　　　　　　　　　(D) 不一定。　　　【高 109-3】

（　）66. 鄰家公司的流動比率為 1，若鄰家公司的流動負債為 $10,000，
流動資產包括現金、應收帳款、存貨及預付費用，已知存貨為
$1,000、預付費用為 $500，則其酸性比率（速動比率）應為何？
(A)0.8　　　　　　　　　　(B)1.2
(C)0.85　　　　　　　　　(D)0.9。
【高 109-1】【高 110-2】

（　）67. 應收帳款若沖銷備抵損失，則下列何者有誤？
(A) 流動比率不變　　　　　(B) 速動比率下降
(C) 存貨周轉率不變　　　　(D) 現金流量比率不變。
【高 110-2】

（　）68. 設流動比率為 3：1，速動比率為 1：1，如以部分現金償還應付
帳款，則：
(A) 流動比率下降　　　　　(B) 流動比率不變
(C) 速動比率下降　　　　　(D) 速動比率不變。
【高 110-1】

（　）69. 企業以現金購買機器設備對其影響為：

(A) 總資產不變　　　　　　　　(B) 資產負債比率不變

(C) 流動比率下降　　　　　　　(D) 選項 (A)、(B)、(C) 皆是。

【高 108-3】

（　）70. 下列敘述何者為非？

(A) 存貨周轉率越多次，獲利越大

(B) 公司的短期償債能力可經由流動比率來衡量

(C) 長期負債即將到期，不一定能影響到流動比率

(D) 存貨周轉率為銷貨成本除以平均存貨。　　　【高 109-3】

（　）71. 駱建公司本年度存貨周轉率比上期增加許多，可能的原因為：

(A) 本年度存貨採零庫存制

(B) 本年度認列鉅額的存貨過時陳廢損失

(C) 產品製造時程縮短

(D) 選項 (A)、(B)、(C) 皆是。　　　【高 109-1】【高 110-1】

（　）72. 全智公司購買商品存貨均以現金付款，銷貨則採賒銷方式，該公司本年度之存貨周轉率為 10，應收帳款周轉率為 15，則其營業循環約為：（假設一年以 365 天計）

(A)16.6 天　　　　　　　　　(B)60.8 天

(C)36.5 天　　　　　　　　　(D)24.3 天。

【高 108-3】【高 109-4】【高 110-2】

（　）73. 本期進貨 $280,000、銷貨 $400,000、銷貨成本 $300,000、期末存貨 $30,000，則存貨周轉率為若干？

(A)3.5　　　　　　　　　　　(B)5

(C)6.67　　　　　　　　　　(D)7.5。　　【高 108-2】

（　）74. 淨銷貨為 $200,000、期初總資產為 $60,000、資產周轉率為 5，請問期末總資產為：

(A)$40,000　　　　　　　　(B)$35,000

(C)$30,000　　　　　　　　(D)$20,000。

【高 108-4】【高 110-2】

（　）75. 將信用條件由 1/10，n/30 改為 1/15，n/30，假設其他因素不變，
　　　　　則應收帳款周轉率將：
　　　　　(A) 增加　　　　　　　　　　(B) 不變
　　　　　(C) 減少　　　　　　　　　　(D) 先增後減。　　　【高 108-3】

（　）76. 公司的分析者通常都是以下列何項目來與各資產求得比值，以作
　　　　　為資產運用效率分析之比率指標？
　　　　　(A) 銷貨收入　　　　　　　　(B) 本期純益
　　　　　(C) 每股盈餘　　　　　　　　(D) 銷貨成本。　　　【高 109-2】

（　）77. 若銷貨成本為 $500,000，毛利率為 25%，平均應收帳款為
　　　　　$100,000，則應收帳款周轉率等於：
　　　　　(A)6.25　　　　　　　　　　　(B)4.5
　　　　　(C)6.67　　　　　　　　　　　(D)7.5。　　　　　【高 108-1】

（　）78. 在公司營業呈穩定狀況下，應收帳款周轉天數的減少表示：
　　　　　(A) 公司實施降價促銷措施
　　　　　(B) 公司給予客戶較長的折扣期間及賒欠期限
　　　　　(C) 公司之營業額減少
　　　　　(D) 公司授信政策轉嚴。　　　　　　　　　　　　【高 110-1】

（　）79. 傑克遜公司 X6 年期初存貨 $200,000、期末存貨 $800,000、
　　　　　X6 年度存貨周轉率 5.2 次。該公司 X6 年度之銷貨淨額為
　　　　　$4,000,000、X6 年初應付帳款為 $120,000、X6 年底應付帳款為
　　　　　$280,000，則 X6 年度支付供應商之現金數若干？
　　　　　(A)$4,160,000　　　　　　　　(B)$3,840,000
　　　　　(C)$3,360,000　　　　　　　　(D)$3,040,000。

　　　　　　　　　　　　　　　　　　　　【高 108-4】【高 109-2】

（　）80. 應付公司債之持有者一般而言最關心下列哪一比率？
　　　　　(A) 速動比率　　　　　　　　(B) 利息保障倍數
　　　　　(C) 應收帳款周轉率　　　　　(D) 營業週期天數。

　　　　　　　　　　　　　　　　　　　　　　　　　　　【高 109-1】

（　）81. 新竹公司 X9 年之平均資產總額為 $1,160,000、利息費用 $25,000，另外，資產周轉率為 2、淨利率為 6%、所得稅率為 20%。試問新竹公司 X9 年之利息保障倍數為何？

(A)4.82　　　　　　　　　(B)6.16

(C)7.96　　　　　　　　　(D)12。　　　　【高 110-2】

（　）82. 發行股票交換專利權對負債比率之影響為（假設權益帳面金額原來即為正）：

(A) 提高　　　　　　　　(B) 降低

(C) 不一定　　　　　　　(D) 不變。　　　【高 109-3】

（　）83. 償還應付帳款對利息保障倍數之影響為：

(A) 增加　　　　　　　　(B) 減少

(C) 不變　　　　　　　　(D) 不一定。　　【高 108-3】

（　）84. 某公司僅發行一種股票，X6 年每股盈餘 $10，每股股利 $5，除淨利與發放股利之結果使保留盈餘增加 $200,000 外，權益無其他變動。若 X6 年底每股帳面金額 $30，負債總額 $1,200,000，則負債比率為何？

(A)60%　　　　　　　　　(B)57.14%

(C)75%　　　　　　　　　(D)50%。　　　【高 109-2】

（　）85. 下列何者不適合作為短期償債能力分析的指標？

(A) 現金比率　　　　　　(B) 流動比率

(C) 速動比率　　　　　　(D) 負債比率。

【高 108-3】【高 110-1】

（　）86. 宜蘭公司本期稅後淨利 $664,000，所得稅率 17%，非流動負債 $10,600,000，流動負債 $1,800,000，利息費用 $200,000，利率 10%。請問宜蘭公司本期之利息保障倍數為何？

(A)3.5 倍　　　　　　　　(B)5 倍

(C)8 倍　　　　　　　　　(D)7 倍。　　　【高 110-1】

（　）87. 福井公司的相關資料如下：流動負債 3,000 億元，流動資產 5,000

億元，不動產、廠房及設備 7,000 億元，自有資金比率為 60%，則該公司的長期負債為何？

(A)4,000 億元 　　　　　　　　(B)6,000 億元
(C)8,000 億元 　　　　　　　　(D)1,800 億元。

【高 108-1】【高 108-4】

(　) 88. 淨值為正之企業，處分不動產、廠房及設備產生損失將使負債比率？

(A) 降低 　　　　　　　　　　(B) 提高
(C) 不變 　　　　　　　　　　(D) 不一定。　　【高 108-2】

(　) 89. 岡山公司將自建資產所造成利息費用，全數予以資本化，則：

(A) 負債總額對權益比率下降
(B) 長期負債總額對權益資本不變
(C) 盈餘對固定支出的保障比率下降
(D) 現金對固定支出的保障比率下降。　　【高 108-1】

(　) 90. 發行股票交換取得專利權對負債比率之影響為（假設權益帳面金額原來即為正，且負債金額大於零）：

(A) 提高 　　　　　　　　　　(B) 降低
(C) 不一定 　　　　　　　　　(D) 不變。　　【高 109-4】

(　) 91. 淨值為正之企業，收回公司債產生利益將使負債比率：

(A) 降低 　　　　　　　　　　(B) 提高
(C) 不變 　　　　　　　　　　(D) 不一定。　　【高 110-1】

(　) 92. 淨值為正之公司，舉債購買不動產、廠房及設備將使權益比率：

(A) 降低 　　　　　　　　　　(B) 提高
(C) 不變 　　　　　　　　　　(D) 不一定。　　【高 110-2】

(　) 93. 已知某公司的稅後淨利為 $5,395,000，所得稅率為 17%，當期的利息費用 50 萬元，則其利息保障倍數為：

(A)13.5 倍 　　　　　　　　　(B)9.24 倍
(C)10 倍 　　　　　　　　　　(D)14 倍。

【高 109-3】【高 109-4】

（　）94. 智平公司資產總額 $4,000,000，負債總額 $1,000,000，平均利率 6%，若總資產報酬率為 12%，稅率為 35%，則權益報酬率為若干？
(A)14% 　　　　　　　　　　(B)14.7%
(C)15% 　　　　　　　　　　(D)15.3%。

【高 108-1】【高 110-2】

（　）95. 長野公司於 X6 年第一季季末宣告現金股利，則該季之下列比率將受到何種影響？
(A) 負債比率增加、權益報酬率減少
(B) 負債比率增加、權益報酬率增加
(C) 負債比率增加、權益報酬率不變
(D) 負債比率不變、權益報酬率減少。

【高 108-1】【高 108-2】【高 108-4】

（　）96. 南方澳企業去年淨利只有 2,000 萬元，總資產報酬率是 2%，下列哪一種作法有助於提高其總資產報酬率？
(A) 同時且等金額提高銷貨收入與營業費用
(B) 同時且等比率提高銷貨收入與營業費用
(C) 同時且等金額提高營運資產與營業費用
(D) 同時且等比率降低營運資產與銷貨收入。　　【高 109-2】

（　）97. 發放已宣告之現金股利對總資產報酬率與權益報酬率之影響分別為：
(A) 增加，不變 　　　　　　(B) 增加，減少
(C) 不變，不變 　　　　　　(D) 減少，不變。　【高 110-1】

（　）98. 企業於年度中，以現金於市場購入該企業之股票（即庫藏股票），假設淨利不變下，將會增加以下何種比率？甲、負債比率；乙、每股盈餘；丙、權益報酬率
(A) 甲和乙會增加 　　　　　(B) 乙和丙會增加
(C) 甲、乙和丙都會增加 　　(D) 甲、乙和丙都不會增加。

【高 108-2】【高 109-3】

（　）99. 甲公司於年底時發放已宣告之現金股利，則對其該年總資產報酬
率與權益報酬率之影響分別為：

(A) 增加，不變　　　　　　　　(B) 增加，減少

(C) 不變，不變　　　　　　　　(D) 減少，不變。　【高 108-4】

（　）100. 偉鈞公司的總資產報酬率為 10%，淨利率為 5%，淨銷貨收入為
$200,000，試問平均總資產為多少？（假設公司未舉債）

(A)$200,000　　　　　　　　　(B)$100,000

(C)$5,000　　　　　　　　　　(D)$8,000。　　【高 108-3】

（　）101. 麒麟公司於年底時發行普通股取得建築物，則該年度：

(A) 總資產報酬率下降　　　　　(B) 權益報酬率不變

(C) 長期資本報酬率增加　　　　(D) 選項 (A)、(B)、(C) 皆是。

【高 108-4】

（　）102. 公司折舊方式由直線法改為加速折舊法，則其本益比（假設其
他條件不變）？

(A) 不變　　　　　　　　　　　(B) 較原來的低

(C) 較原來的高　　　　　　　　(D) 無法判斷。　【高 109-3】

（　）103. 永靖企業 X2 年 12 月 31 日普通股的市價為 36 元，該公司全年
流通在外普通股共 100,000 股，每股面額 10 元，該公司當年
度結帳前帳上權益總額為 $2,800,000，本期淨利為 $600,000，
X2 年中曾支付 3 元的普通股股利，請問永靖企業當天的本益比
為多少？

(A)6　　　　　　　　　　　　　(B)3.6

(C)3　　　　　　　　　　　　　(D)2.4。

【高 108-4】【高 109-4】

（　）104. 京都公司 X6 年度的預估獲利為 150 億元，現金股利每股 3 元，
流通在外股數為 20 億股，則京都公司的股利支付率為：

(A)10%　　　　　　　　　　　　(B)20%

(C)30%　　　　　　　　　　　　(D)40%。　　【高 108-4】

1.(B)　2.(D)　3.(D)　4.(C)　5.(B)　6.(B)　7.(B)　8.(A)　9.(C)　10.(B)
11.(A)　12.(D)　13.(D)　14.(C)　15.(C)　16.(B)　17.(D)　18.(D)
19.(A)　20.(A)　21.(A)　22.(B)　23.(D)　24.(B)　25.(D)　26.(D)
27.(D)　28.(D)　29.(C)　30.(B)　31.(D)　32.(A)　33.(C)　34.(A)
35.(D)　36.(D)　37.(D)　38.(D)　39.(A)　40.(B)　41.(B)　42.(C)
43.(B)　44.(B)　45.(A)　46.(D)　47.(B)　48.(D)　49.(A)　50.(C)
51.(C)　52.(A)　53.(D)　54.(A)　55.(D)　56.(A)　57.(C)　58.(C)
59.(B)　60.(D)　61.(A)　62.(A)　63.(A)　64.(D)　65.(A)　66.(C)
67.(B)　68.(D)　69.(D)　70.(A)　71.(D)　72.(B)　73.(D)　74.(D)
75.(C)　76.(A)　77.(C)　78.(D)　79.(D)　80.(B)　81.(C)　82.(B)
83.(C)　84.(D)　85.(D)　86.(B)　87.(D)　88.(B)　89.(A)　90.(B)
91.(A)　92.(A)　93.(D)　94.(B)　95.(B)　96.(B)　97.(A)　98.(C)
99.(A)　100.(B)　101.(A)　102.(C)　103.(A)　104.(D)

● Chapter 15　習題解析

1. 本益比 $= \dfrac{每股市價}{每股盈餘} = \dfrac{65}{6,000,000/1,200,000} = 13$。

2. 本益比 $= \dfrac{每股市價}{每股盈餘}$，$15 = \dfrac{每股市價}{每股盈餘}$，市價淨額比 $= \dfrac{每股市價}{每股淨值} = 15 \times$

   每股盈餘 / 每股淨值 $= 15 \times 12\% = 1.8$。

3. 本益比 $= \dfrac{每股市價}{每股盈餘} = \dfrac{52}{4} = 13$。

4. 購買力風險是指通貨膨脹使得實質所得減少。

5. 本益比 = 股價 / 每股盈餘，1/ 本益比 = 每股盈餘 / 股價，式中每股盈餘如同投資報酬，股價如同投資成本，故本益比越低則投資報酬率越高。

6. 隨機抽樣分析是審計人員執行證實程序的工具。

7. 動態分析又稱橫向分析或水平分析，係就不同期間之相關財務資訊加以分析。

8. 動態分析又稱橫向分析或水平分析，係就不同期間之相關財務資訊加以分析。

9. 共同比損益表係以銷貨淨額作為 100%。

10. 共同比資產負債表係以資產總額作為 100%，共同比損益表係以銷貨淨額作為 100%。

11. 靜態分析的方法有 (1) 結構分析，又稱為共同比分析或同型表分析；(2) 比率分析。

12. 比率分析：係將財務報表中具有意義的兩個相關項目結合為一比率，該比率可用以判斷財務狀況或經營成果各主要事項間的相互變動情形。

13. 比較財務報表分析，必須是標準相同的基礎下，比較才有意義。

14. 企業編製財務預測時採用的「基本假設」，是企業針對關鍵因素未來發展的「最可能的結果」所作的假設。

15. 沖銷壞帳分錄 $\left\{\begin{array}{l}\text{備抵壞帳}\\\text{應收帳款}\end{array}\right.$ ，故速動比率不受影響。

16. 賒購存貨分錄：$\left\{\begin{array}{l}\text{存貨}\\\text{應付帳款}\end{array}\right.$ ，將使速動資產不變，流動負債上升，故速動比率減少。

17. 速動資產 = 200,000 + 400,000 = 600,000，已知流動負債 = 600,000，

$$\text{速動比率} = \frac{\text{速動資產}}{\text{流動負債}} = \frac{600,000}{600,000} = 1。$$

18. 分錄 $\left\{\begin{array}{ll}\text{應付帳款} & 20\\\text{現金} & \quad 20\end{array}\right.$ 。

假設流動比率 $= \frac{120}{100} = 1.2$，則流動比率 $= \frac{120-20}{100-20} = 1.25$（增）。

假設流動比率 $= \frac{100}{100} = 1$，則流動比率 $= \frac{100-20}{100-20} = 1.0$（不變）。

假設流動比率 $= \dfrac{100}{120} = 0.83$，則流動比率 $= \dfrac{100-20}{120-20} = 0.8$（減）。

19. 速動比率是衡量企業的短期償債能力。

20. 流動比率 $= \dfrac{流動資產}{流動負債} = \dfrac{130}{100}$，發行長期負債所得償還短期負債，將使流動負債減少，流動資產上升。

21. 已知流動比率 $= 1$，速動資產 $= 90,000 - 10,000 = 80,000$，

速動比率 $= \dfrac{流動資產}{流動負債} = \dfrac{130}{100} = 0.89$，

流動負債 $= 90,000$，故流動資產 $= 90,000$。

22. 酸性測驗比率（或稱為速動比率）$= \dfrac{速動資產}{流動負債}$。

23. 流動比率 $= \dfrac{流動資產}{流動負債}$，$2.5 = \dfrac{流動資產}{流動負債}$，

流動資產－流動負債 $= 120,000$，

得流動資產 $= 200,000$。

24. 負債比率是衡量資本結構與長期償債能力分析。

25. 存貨周轉率很高，即平均存貨下降。

26. 存貨周轉率 $= \dfrac{銷貨成本}{平均存貨}$。

27. 存貨周轉平均天數 $= \dfrac{360}{存貨周轉率}$，$40 = \dfrac{360}{存貨周轉率}$，

得存貨周轉率 $= 9$，

存貨周轉率 $= \dfrac{銷貨成本}{平均存貨}$，$9 = \dfrac{銷貨成本}{\dfrac{80,000+100,000}{2}}$，

得銷貨成本為 $810,000$。

28. 應收帳款周轉天數減少，即應收帳款周轉率上升，表示平均應收帳款淨額下降，可能的原因是公司授信政策轉嚴。

29. 淨營業循環 = 應收帳款收回平均天數 + 存貨周轉平均天數 − 應付帳款付現平均天數 = 70 + 50 − 40 = 80（天）。

30. 營業週期 = 應收帳款收回平均天數 + 存貨周轉平均天數 = 16 + 30 = 46。

31. 營業循環週期 = 存貨周轉天數 + 應收帳款收現期間

$$= \frac{360}{6} + \frac{360}{12} = 60 + 30 = 90（天）。$$

32. 權益報酬率 $= \dfrac{\text{本期淨利}}{\text{平均權益}} = \dfrac{87,000}{900,000} = 0.0966 \fallingdotseq 9.67\%。$

33. 宣告現金股利分錄：$\left\{\begin{array}{l}\text{保留盈餘}\\ \text{應付股利}\end{array}\right.$，將使股東權益減少，負債減少，但總資產不變，故對總資產報酬率不變。

34. 總資產報酬率 $= \dfrac{\text{稅後淨利} + \text{利息費用（1 − 稅率）}}{\text{總資產}} =$

$\dfrac{\text{稅後淨利} + \text{利息費用（1 − 稅率）}}{\text{股東權益} + \text{負債}}$，表示總資產報酬率是分給股東權益和負債的。

若負債利率 10% > 總資產報酬率 6%，表示舉債創造的報酬率是低的。若增加負債，將降低權益報酬率。

35. 總資產報酬率 $= \dfrac{\text{本期淨利} + \text{利息費用} \times \text{（1 − 稅率）}}{\text{平均總資產}}$，$12\% =$

$\dfrac{\text{稅後淨利} + 140,000 \times (1 - 20\%)}{2,800,000}$。

係本期淨利 = 224,000，

權益報酬率 $= \dfrac{\text{稅後淨利}}{\text{股東權益}} = \dfrac{224,000}{1,200,000} = 18.67\%。$

36. 股東權益報酬率 $= \dfrac{\text{稅後淨利}}{\text{股東權益}}。$

37. 令原負債比率 $= \dfrac{負債}{總資產} = \dfrac{50}{100} = 0.5$，

情況 1：應付公司債減少 10，現金減少 20，

則負債比率 $= \dfrac{50-10}{100-20} = 0.5$，比率不變。

情況 2：應付公司債減少 15，現金減少 20，

則負債比率 $= \dfrac{50-15}{100-20} = 0.4$，比率下降。

情況 3：應付公司債減少 5，現金減少 20，

則負債比率 $= \dfrac{50-5}{100-20} = 0.56$，比率上升。

38. 財務槓桿指數是用來衡量股東權益報酬率與總資產報酬率的相對大小，企業透過舉債經營是否有利。

39. 分錄：$\begin{cases} 長期負債 \\ \quad\quad 股本 \end{cases}$，將使負債減少，股東權益增加，而總資產不變，故負債比率降低。

40. 利息保障倍數 $= \dfrac{稅前淨利 + 利息費用}{利息費用}$，若公司債轉換為普通股，則利息費用降低，即利息保障倍數提高。

41. 存貨周轉率是短期流動性分析。

42. 負債比率 $= \dfrac{負債}{總資產} = \dfrac{20+50}{50+50} = 70\%$。

43. 利息保障倍數 $= \dfrac{稅前淨利 + 利息費用}{利息費用} = \dfrac{45,000+5,000}{5,000} = 10$。

44. 財務槓桿指數 $= \dfrac{股東權益報酬率}{總資產報酬率} > 1$，即股東權益報酬率 > 總資產報酬率，表示透過舉債所產生的淨利大於舉債的利息費用。

45. 自有資本比率（或稱權益比率）$= \dfrac{權益總額}{資產總額}$，上述的分錄將使現金增加，

負債也增加，即總資產增加，負債也增加，將使自有資本比率降低。

46. 負債比率、權益比率、負債對權益比率，皆用來衡量資本結構比率。

47. 1/10 表示 10 天內付現，可享 1% 的銷貨折扣，1/15 表示 15 天內付現，可享 1% 的銷貨折扣，將使應收帳款增加，而應收帳款周轉率降低。

48. 這三項科目的排列順序如下：
繼續經營單位稅後淨利
停業單位損益
本期損益

49. 普通股發行溢價屬於資產負債表的股東權益項下的科目。

50. 乙、繼續營業單位損益 + 丙、停業單位損益 = 本期淨利，
本期淨利 + 其他綜合損益 = 本期綜合損益總額。
甲、每股盈餘則列在本期綜合損益總額之後，故排列順序為乙—丙—甲。

51. 債權人最在意的是若借錢給企業，企業是否在未來有能力支付利息與本金。

52. 趨勢分析又稱為指數分析，探討至少三年以上的時間中，財務項目的變動趨勢；以最早一年為「基期」，多採「固定基期」。

53. 共同比損益表是以銷貨淨額為分母。

54. 動態分析為「不同年度」「相同項目」間的比較，又稱「水平分析」。

55. 動態分析為「不同年度」「相同項目」間的比較，又稱「水平分析」。

56. 共同比資產負債表是以資產總額為分母。

57. 共同比分析屬於「結構分析」，將所有項目均轉換為百分比來顯示，而共同比損益表則以「銷貨淨額」為分母。

58. 靜態分析為「同一年度」「不同項目」間的比較，又稱「垂直分析」。
有共同比分析、比率分析等方式。

59. 資產負債表與綜合損益表分別以總資產與銷貨淨額作為共同比分析。

60. 比率分析為將兩個具備邏輯關係的財報科目拿來計算比率，並與事先設定的目標、過去的比率、同業標準等比較。

61. 流動比率 = $\dfrac{流動資產}{流動負債}$ = 1.5，發行長期負債償還短期負債，將使流動負債下降，長期負債上升，而流動比率上升。

62. 分錄：

$$\begin{cases} 壞帳費用 \quad 20,000 \\ \quad 備抵壞帳 \quad 20,000 \end{cases}，速動資產減少 20,000。$$

$$\begin{cases} 備抵壞帳 \quad 6,000 \\ \quad 應收帳款 \quad 6,000 \end{cases}，速動資產不受影響。$$

$$\begin{cases} 存貨跌價損失 \quad 2,500 \\ \quad 存貨 \qquad\qquad 2,500 \end{cases}，速動資產不受影響。$$

63. 速動比率 $= \dfrac{速動資產}{流動負債}$，$1.5 = \dfrac{速動資產}{600,000}$，

速動資產 $= 1.5 \times 600,000 = 9,000,000$，

速動資產 = 流動資產 − 存貨 − 預付費用，

$9,000,000 = 流動資產 − 流動資產 \times \dfrac{1}{5} − 0$，流動資產 $= 1,125,000$。

64. 分錄：$\begin{cases} 應付帳款 \\ \quad 存貨 \\ \quad 現金 \end{cases}$，應付帳款減少，即流動負債減少，則流動比率上升；

而存貨減少，現金減少，即流動資產減少，則流動比率下降，所以流動
比率不一定。

65. 流動比率 $= \dfrac{流動資產}{流動負債} > 1$，流動資產 > 流動負債，令 5 > 4，償還應付

帳款，則 $5 − 1 > 4 − 1$，即 $4 > 3$，原流動比率 $= \dfrac{5}{4}$，償還應付帳款後

流動比率 $= \dfrac{4}{3}$，即流動比率上升。

66. 流動比率 $= \dfrac{流動資產}{流動負債}$，$1 = \dfrac{流動資產}{10,000}$，

得流動資產 $= 1 \times 10,000 = 10,000$，

速動資產 = 流動資產 − 存貨 − 預付費用 $= 10,000 − 1,000 − 500 = 8,500$，

速動比率 $= \dfrac{\text{速動資產}}{\text{流動負債}} = \dfrac{8,500}{10,000} = 0.85$。

67. 分錄：$\left\{\begin{array}{l} \text{備抵損失} \\ \qquad \text{應收帳款} \end{array}\right.$，影響流動資產不變，速動比率不變。

68. 流動比率 $= \dfrac{\text{流動資產}}{\text{流動負債}} = \dfrac{3}{1} = \dfrac{6}{2}$，速動比率 $= \dfrac{\text{速動資產}}{\text{流動負債}} = \dfrac{1}{1} = \dfrac{3}{3}$，

當 6 > 2 以現金償還應付帳款，6 − 1 > 2 − 1，5 > 1，流動比率 $= \dfrac{5}{1}$，

流動比率上升。

當 3 = 3，以現金償還應付帳款，3 − 1 = 3 − 1，2 = 2，速動比率 $= \dfrac{2}{2}$ = 1，速動比率不變。

69. 分錄：$\left\{\begin{array}{l} \text{機器設備} \\ \qquad \text{現金} \end{array}\right.$，影響流動資產下降，總資產不變。

70. 存貨周轉率 $= \dfrac{\text{銷貨成本}}{\text{平均存貨}}$，存貨周轉率越高，表示存貨轉成銷貨成本的速度越快，即商品庫存越來越少，但是否獲利，要銷貨收入大於銷貨成本。

71. 存貨周轉率 $= \dfrac{\text{銷貨成本}}{\text{平均存貨}}$，(A)、(B)、(C) 三個原因都可能使平均存貨減少，使得存貨周轉率上升。

72. 營業循環 = 存貨轉換期間 + 應收帳款收現期間

$= \dfrac{365}{\text{存貨周轉率}} + \dfrac{365}{\text{應收帳款周轉率}}$

$= \dfrac{365}{10} + \dfrac{365}{15} = 36.5 + 24.3 = 60.8$（天）。

73. 銷貨成本 = 期初存貨 + 本期進貨 − 期末存貨，

300,000 = 期初存貨 + 280,000 − 30,000，得期初存貨 = 50,000，

$$存貨周轉率 = \frac{銷貨成本}{平均存貨} = \frac{300,000}{\dfrac{50,000 + 30,000}{2}} = 7.5。$$

74. $總資產周轉率 = \dfrac{銷貨收入}{平均總資產總額}$，$5 = \dfrac{200,000}{\dfrac{60,000 + 期末總資產}{2}}$，

得期末總資產 = 20,000。

75. 原先條件：1/10 表示 10 內天還款，現金折扣 1%，改變條件：1/15 表示 15 天內還款，現金折扣 1%，則平均應收帳款會上升，使得應收帳款周轉率下降。

76. $總資產周轉率 = \dfrac{銷貨收入}{平均總資產總額}$，表示公司所有資產之使用效率，即

每一元之資產，得創造多少銷貨金額。

77. $毛利率 = \dfrac{銷貨毛利}{銷貨收入}$，$銷貨成本率 = \dfrac{銷貨成本}{銷貨收入}$，$1 - 25\% = \dfrac{500,000}{銷貨收入}$，

得銷貨收入 = 666666.7。

$$應收帳款周轉率 = \frac{銷貨收入}{平均應收帳款} = \frac{666666.7}{100,000} = 6.666667 \fallingdotseq 6.67。$$

78. $應收帳款周轉天數 = \dfrac{365（天）}{應收帳款周轉率}$，並應收帳款周轉天數↓，表示

應收帳款周轉率↑。

$應收帳款周轉率 = \dfrac{銷貨收入淨額}{平均應收帳款}$，當應收帳款周轉率↑，在銷貨收入

淨額不變下（公司營業呈穩定狀況下），則平均應收帳款↓，表示公司授信政策轉嚴。

79. $存貨周轉率 = \dfrac{銷貨收入}{平均存貨}$，$5.2 = \dfrac{銷貨成本}{\dfrac{200,000 + 800,000}{2}}$，銷貨成本 =

2,600,000，銷貨成本 = 期初存貨 + 進貨 − 期末存貨，移項銷貨成本

= 進貨 −（期末存貨 − 期初存貨），2,600,000 = 進貨 − (800,000 − 200,000)，得進貨 = 3,200,000，支付供應商之現金 = 進貨 − 應付帳款 增加數 = 3,200,000 − (280,000 − 120,000) = 3,040,000。

80. 利息保障倍數越高，表示公司支付利息的能力越強。

81. $\dfrac{銷貨收入}{平均總資產}$ = 資產周轉率，$\dfrac{銷貨收入}{1,160,000}$ = 2，得銷貨收入 = 2,320,000。

淨利率 = $\dfrac{稅後淨利}{銷貨收入}$，6% = $\dfrac{稅後淨利}{2,320,000}$，得稅後淨利 = 139,200。

利息保障倍數 = $\dfrac{稅後淨利 + 利息費用}{利息費用}$

= $\dfrac{139,200 ÷ (1 − 20\%) + 25,000}{25,000}$ = 7.96。

82. 分錄：$\begin{cases} 專利權 \\ \qquad 股本 \end{cases}$，影響資產增加，股東權益增加，負債比率下降。

83. 利息保障倍數 = $\dfrac{稅前淨利 + 利息費用}{利息費用}$，償還應付帳款的分錄：

$\begin{cases} 應付帳款 \\ \qquad 現金 \end{cases}$，對利息保障倍數不受影響。

84. 股東權益總額 = 每股帳面價值 × 流通在外股數
= 30 × 40,000 = 1,200,000。

流通在外股數 = $\dfrac{200,000}{10 − 5}$ = 40,000（股），

負債比率 = $\dfrac{總負債}{總資產}$ = $\dfrac{1,200,000}{1,200,000 + 1,200,000}$ = 50%。

85. 負債比率是負債管理分析。

86. 利息保障倍數 = $\dfrac{稅前淨利 + 利息費用}{利息費用}$

$$= \frac{664,000 \div (1 - 17\%) + 200,000}{200,000} = 5 \text{。}$$

87. 自有資金比率 $= \dfrac{股東權益總額}{資產總額}$，$60\% = \dfrac{股東權益總額}{5,000 + 700}$，

股東權益總額 = 7,200，資產總額 = 12,000，負債 = 資產總額 − 股東權益總額 = 12,000 − 7,200 = 4,800，長期負債 = 4,800 − 3,000 = 1,800。

88. 負債比率 $= \dfrac{負債總額}{資產總額}$，處分資產，將使資產總額下降，故負債比率上升。

89. 分錄：$\left\{\begin{array}{l} 資產 \\ \quad 利息費用 \end{array}\right.$，影響資產增加，權益比率下降。

90. 分錄：$\left\{\begin{array}{l} 專利權 \\ \quad 股本 \end{array}\right.$，影響資產增加，股東權益增加，負債比率下降。

91. 分錄：$\left\{\begin{array}{l} 應付公司債 \\ \quad 現金 \\ \quad 處分利益 \end{array}\right.$，影響負債減少，資產減少，負債比率下降。

92. 分錄：$\left\{\begin{array}{l} 資產 \\ \quad 負債 \end{array}\right.$，影響資產增加，負債增加，權益比率下降。

93. 利息保障倍數 $= \dfrac{稅前淨利 + 利息費用}{利息費用}$

$$= \frac{5,395,000 \div (1 - 17\%) + 500,000}{500,000} = 14 \text{。}$$

94. 總資產報酬率 $= \dfrac{稅後淨利 + 利息費用（1 - 稅率）}{總資產}$，

$12\% = \dfrac{稅後淨利 + 1,000,000 \times 6\%（1 - 35\%）}{4,000,000}$，稅後淨利 = 441,000。

股東權益 = 總資產 − 負債總額 = 4,000,000 − 1,000,000 = 3,000,000。

$$股東權益報酬率 = \frac{稅後淨利}{股東權益} = \frac{441,000}{3,000,000} = 14.7\%。$$

95. 分錄：$\begin{cases} 保留盈餘 \\ \quad 應付股利 \end{cases}$，影響保留盈餘減少，流動負債增加，負債比率增加，權益報酬率增加。

96. $總資產報酬率 = \dfrac{稅後淨利＋利息費用（1－稅率）}{總資產}$，當稅後淨利和利息費用上升，則總資產報酬率上升。

97. 分錄：$\begin{cases} 應付股利 \\ \quad 現金 \end{cases}$，影響流動負債減少，流動資產減少，總資產報酬率上升，權益報酬率不變。

98. 分錄：$\begin{cases} 庫藏股 \\ \quad 現金 \end{cases}$，影響股東權益減少，流動資產減少。甲、因總資產減少，使得負債比率上升。乙、因流通在外股數減少，每股盈餘上升。丙、因股東權益減少，使得權益報酬率上升。

99. 分錄：$\begin{cases} 應付股利 \\ \quad 現金 \end{cases}$，影響流動負債減少，流動資產減少，總資產報酬率上升，權益報酬率不變。

100. $總資產報酬率 = \dfrac{稅後純益＋利息費用×（1－稅率）}{平均總資產}$，

$純益率 = \dfrac{稅後純益}{銷貨收入}$，$5\% = \dfrac{稅後純益}{200,000}$，得稅後純益 ＝ 10,000 代入上式，$10\% = \dfrac{10,000}{平均總資產}$，得平均總資產 ＝ $\dfrac{10,000}{10\%}$ ＝ 100,000。

101. 分錄：$\begin{cases} 建築物 \\ \quad 股本 \end{cases}$，影響資產增加，股東權益增加，總資產報酬率下降。

102. $本益比 = \dfrac{P}{EPS}$，折舊方式由直線法改加速折舊法，則初期折舊費用增

加，淨利下降，則 EPS 下降，本益比會上升。

103. $EPS = \dfrac{600{,}000}{100{,}000} = 6$，本益比 $= \dfrac{P}{EPS} = \dfrac{36}{6} = 6$。

104. 股利支付率 $= \dfrac{3 \times 20}{150} = 40\%$。

會計學進階篇

損益兩平與財務槓桿

固定成本與變動成本

1. 固定成本

   凡成本之總數在攸關範圍內不隨成本動因之增減而變動者，為固定成本。

   例如：營業費用中的一般管理費用、研發費用；營業成本中的廠房租金、保險。

2. 變動成本

   凡成本之總數隨成本動因之增減而呈正比例變動者，為變動成本。

   例如：營業費用中的銷售佣金、產品運費、貨物稅；及營業成本中的原料成本、水電費等。

考題範例

下列各項成本中哪一項應歸類為變動成本？

(A) 繳納商品的貨物稅　　(B) 應客戶之要求先墊付的聯邦快遞運費　　(C) 工廠警衛所領的值班費　　(D) 廠房設備的折舊費用。 【108-4】

解：(A)。

變動成本是會隨銷售量而變動的部分。

損益兩平計算

損益兩平分析是假設：

1. 單位售價不變。

2. 單位變動成本不變。

3. 生產方法、生產效率與管理政策不變。

π：利潤

P：產品單位售價

TR：銷貨收入

VC：單位變動成本

Q：產品銷售數量

TFC：總固定成本

TVC：總變動成本

P – VC：單位邊際貢獻

$\dfrac{P - VC}{P}$：單位邊際貢獻率

$\pi = TR - TC = P \times Q - (TVC + TFC) = P \times Q - (VC \times Q + TFC)$

損益兩平 $\pi = 0$，即 $TR - TC = 0$，$TR = TC$。

$P \times Q - (VC \times Q + TFC) = 0$

$P \times Q = (VC \times Q + TFC)$

$P \times Q - VC \times Q = TFC$

$Q = \dfrac{TFC}{P - VC} = \dfrac{總固定成本}{單位邊際貢獻}$ ……損益兩平的銷售量。

將上式等號兩邊各乘以 P，則得：

$P \times Q = P \times \dfrac{TFC}{P - VC}$

$P \times Q = \dfrac{TFC}{\dfrac{P - VC}{P}} = \dfrac{總固定成本}{單位邊際貢獻}$ ……損益兩平的銷貨收入。

下列哪一個項目會影響到損益兩平點？

(A) 總固定成本　(B) 每單位售價　(C) 每單位變動成本　(D) 以上皆是。

【高 108-3】

解：(D)。

由損益兩平銷售量公式：$Q = \dfrac{TFC}{P - VC}$，會影響損益兩平銷售量的項目

有：TFC（總固定成本）、P（每單位售價）、VC（每單位變動成本）。

槓桿程度分析

1. 營業槓桿度

公司使用固定成本的程度，稱為營業槓桿度。

363

Chapter 16

損益兩平與財務槓桿

公式：
$$\frac{\dfrac{\Delta EBIT}{EBIT}}{\dfrac{\Delta Q}{Q}} = \frac{邊際貢獻}{營業利益}$$

$$= \frac{邊際貢獻}{營業收入 - 變動營業成本及費用 - 固定成本}$$

$$= \frac{邊際貢獻}{邊際貢獻 - 固定成本}$$

式中：EBIT 為息前稅前淨利。

表示 EBIT 對銷售量變化的敏感度。營業槓桿度越高，表示每單位營收變化，會造成較大的 EBIT 變化。

再把公式改成：
$$\frac{邊際貢獻}{營業收入 - 變動營業成本及費用 - 固定成本}$$

所以可以看出：

當企業的固定成本越高時，營業槓桿度就越高。

考題範例

久久公司 X1 年度的營業收入為 $2,000,000，營業利益為 $400,000，變動營業成本及費用 $600,000，則 X1 年度其營運槓桿度為：

(A)1.8　(B)2　(C)2.5　(D)3.5。　　　　　　　　　　　【高 109-1】

解：(D)。

營業利益 = 營業收入 - 變動營業成本及費用 - 固定成本

400,000 = 2,000,000 - 600,000 - 固定成本，得固定成本 = 1,000,000

$$營運槓桿 = \frac{邊際貢獻}{邊際貢獻 - 固定成本}$$

$$= \frac{2,000,000 - 600,000}{2,000,000 - 600,000 - 1,000,000} = \frac{1,400,000}{400,000} = 3.5。$$

2. 財務槓桿度

公司利用舉債或發行特別股方式，必須支付利息或特別股之程度，稱

為財務槓桿度。

公式：$\dfrac{\dfrac{\Delta EPS}{EPS}}{\dfrac{\Delta EBIT}{EBIT}} = \dfrac{EBIT}{EBIT - 利息費用}$

表示 EPS 對 EBIT（淨利）變動的敏感度。當企業舉債越多時，則利息支出越多，財務槓桿度就越高。

📝**考題範例**

金寶公司 X1 年度營業利益變動 20%，其營業槓桿度 1.6，財務槓桿度 2.5，則其每股盈餘變動多少？

(A)25%　(B)16%　(C)50%　(D) 無法判斷。　　　　　　　【高 108-1】

　解：(C)。

財務槓桿 = $\dfrac{\Delta EPS/EPS}{\Delta EBIT/EBIT}$，$2.5 = \dfrac{\Delta EPS/EPS}{20\%}$，

得 $\dfrac{\Delta EPS}{EPS} = 2.5 \times 20\% = 50\%$。

3. 綜合槓桿度

結合營業槓桿度與財務槓桿度的觀念，同時衡量公司對固定成本之使用程度、支付利息與特別股之程度等，稱為綜合槓桿度。

公式：$\dfrac{\dfrac{\Delta EBIT}{EBIT}}{\dfrac{\Delta Q}{Q}} \times \dfrac{\dfrac{\Delta EPS}{EPS}}{\dfrac{\Delta EBIT}{EBIT}} = \dfrac{\dfrac{\Delta EPS}{EPS}}{\dfrac{\Delta Q}{Q}} = \dfrac{邊際貢獻}{營業利益 - 利息費用}$

表示 EPS 對銷售量變動的敏感度。

📝**考題範例**

智強公司只生產一種產品，X1 年時共銷售了 56,000 個單位，每單位售價 10 元，每單位變動成本及費用 7 元，固定營業費用 80,000 元，當年度

利息支出 5,000 元，則其綜合槓桿度為何？

(A)1.61　(B)2.02　(C)3.61　(D) 選項 (A)、(B)、(C) 皆非。 【高 108-4】

解：(B)。

$$綜合槓桿度：\frac{\Delta EPS/EPS}{\Delta Q/Q}（或）\frac{邊際貢獻}{營業利益-利息費用}=\frac{168,000}{83,000}=2.02。$$

邊際貢獻：銷貨收入－總變動成本 = Q(P－VC) = 56,000(10－7)

$\qquad\qquad$ = 168,000。

營業利益 = 營業收入－變動營業成本及費用－固定成本

$\qquad\qquad$ = 56,000 × 10－56,000 × 7－80,000 = 88,000。

營業利益－利息費用 = 88,000－5,000 = 83,000。

4. 財務槓桿指數

用來衡量股東權益報酬率與總資產報酬率的相對大小，企業透過舉債
經營是否有利。

$$財務槓桿指數 = \frac{股東權益報酬率}{總資產報酬率}。$$

$$財務槓桿指數 = \frac{股東權益報酬率}{總資產報酬率} > 1，即股東權益報酬率 > 總資產$$

報酬率，股東因舉債而獲利，故舉債經營有利。

Chapter 16 習題

( ) 1. 吉利電腦公司產品單價原為 $1,500，由於市場競爭激烈而降價至
$1,000。假設所有成本均為變動成本，且原來的毛利率為 40%，
則降價後銷售數量需為降價前的多少比率，才能維持原有的銷貨
毛利金額？
(A) 600% (B) 900%
(C) 300% (D) 150%。
【普 108-1】【普 108-2】【普 110-1】

( ) 2. 下列各項成本中，哪一項應歸類為固定成本？
(A) 用聯邦快遞將商品送達顧客處的運費
(B) 支付給業務員的佣金
(C) 工廠警衛所領的薪資
(D) 工廠作業員的加班費。 【普 109-2】

( ) 3. 採用損益兩平 (Breakeven) 分析時，所隱含的假設之一是在攸
關區間內：
(A) 總成本保持不變
(B) 單位變動成本不變
(C) 單位固定成本不變
(D) 變動成本和生產單位數間並非直線的關係。 【普 108-1】

( ) 4. 安全邊際係指：
(A) 銷貨收入－變動成本
(B) 銷貨收入－固定成本
(C) 銷貨收入－銷貨成本
(D) 銷貨收入－損益兩平銷貨收入。 【普 110-3】

( ) 5. 菁桐咖啡每杯售價為 $35，變動成本每杯為 $3.5，固定成本每月
約為 $56,000，如果預期下個月銷貨會成長 $82,000，請問其淨
利預期會增加多少？

(A) $73,800   (B) $82,000

(C) $41,600   (D) $49,600。   【普 110-1】

( ) 6. 久久公司 X1 年度的營業收入為 $2,000,000，營業利益為 $400,000，變動營業成本及費用 $600,000，則 X1 年度其營運槓桿度為：

(A) 1.8   (B) 2

(C) 2.5   (D) 3.5。   【普 109-4】

( ) 7. 高雄公司之總資產為 $2,800,000，總負債為 $1,200,000，總資產報酬率為 8%（假設無利息費用及所得稅費用），則財務槓桿指數為：

(A) 0.45   (B) 1.5

(C) 1.75   (D) 1.9。   【普 110-3】

( ) 8. X9 年基隆綜合損益表列報之利息費用 $40,000，所得稅費用 $60,000，淨利 $240,000；同年之資產負債表顯示總資產 $2,400,000，流動負債 $300,000，非流動負債為 $900,000，則財務槓桿比率為何？

(A) 0.5   (B) 1

(C) 1.5   (D) 2。   【普 110-1】

( ) 9. 下列各項成本中哪一項應歸類為變動成本？

(A) 繳納商品的貨物稅

(B) 應客戶之要求先墊付的聯邦快遞運費

(C) 工廠警衛所領的值班費

(D) 廠房設備的折舊費用。

【高 108-2】【高 108-4】【高 109-2】

( ) 10. 某企業今年度的銷貨收入為 300 萬元，變動成本為 180 萬元，固定成本為 90 萬元，預估明年度固定成本為 120 萬元，邊際貢獻率不變，但企業希望明年度的淨利能達 50 萬元，請問其目標銷貨收入成長率應為多少？

(A)16.7% (B)41.7%

(C)0% (D)33.3%。 【高 109-3】

( ) 11. 設甲產品之單位售價由 $1 調為 $1.3，固定成本由 $400,000 增至 $700,000，變動成本仍為 $0.6，則損益兩平數量會有何影響？

(A) 增加 (B) 下降

(C) 不變 (D) 不一定。 【高 109-4】

( ) 12. 雪見公司所生產的礦泉水每瓶售價 $20，其中變動成本占 80%，已知目前每年產量為 40,000 瓶，該公司剛好損益兩平，請問其固定成本約為多少？

(A)$80,000 (B)$100,000

(C)$200,000 (D)$160,000。 【高 108-1】

( ) 13. 要求出損益兩平的銷售金額，我們需要知道總固定成本與：

(A) 每單位變動成本

(B) 每單位售價

(C) 每單位變動成本占售價比率

(D) 每單位售價減去平均每單位固定成本。

【高 108-4】【高 109-2】【高 109-4】

( ) 14. 採用損益兩平 (Breakeven) 分析時，所隱含的假設之一是在攸關區間內：

(A) 總成本保持不變

(B) 單位變動成本不變

(C) 單位固定成本不變

(D) 變動成本和生產單位數間並非直線的關係。

【高 109-2】【高 109-3】【高 109-4】

( ) 15. 其他情況不變時，下列哪一種情況會提高損益兩平點？

(A) 固定成本上升 (B) 變動成本占銷貨的比率下降

(C) 邊際貢獻率上升 (D) 售價上升。

【高 108-2】【高 109-3】

（　）16. 計算一項產品損益平衡的銷售單位數時，不需考慮下列哪一項目？

(A) 單位售價　　　　　　　(B) 單位變動成本

(C) 總固定成本　　　　　　(D) 淨利率。　　　【高 109-4】

（　）17. 某企業今年度的銷貨收入為 300 萬元，變動成本為 180 萬元，固定成本為 90 萬元，預估明年度固定成本為 120 萬元，邊際貢獻率不變，但企業希望明年度的淨利能達 50 萬元，請問其目標銷貨收入成長率應為多少？

(A)16.7%　　　　　　　　(B)41.7%

(C)0　　　　　　　　　　(D)33.3%。　　　【高 108-3】

（　）18. 下列何種情況下，邊際貢獻率一定會上升？

(A) 損益兩平銷貨收入上升

(B) 變動成本占銷貨淨額百分比下降

(C) 損益兩平銷貨單位數量降低

(D) 固定成本占變動成本的百分比下降。　　　【高 108-3】

（　）19. 因為新臺幣大幅貶值，奇奇皮鞋進口的高級女鞋每雙成本增加 200 元，故皮鞋被迫每雙售價提高 200 元，在該鞋店的固定成本不變的情況下，請問此舉會造成該店的：

(A) 邊際貢獻金額增加

(B) 邊際貢獻金額減少

(C) 邊際貢獻比率不變

(D) 損益兩平的皮鞋銷售件數不變。　　　【高 109-2】

（　）20. 下列哪一個項目會影響到損益兩平點？

(A) 總固定成本　　　　　　(B) 每單位售價

(C) 每單位變動成本　　　　(D) 以上皆是。　　　【高 108-3】

（　）21. 龍龍洗面乳每盒售價 \$60，該公司沒有生產其他產品，去年度總固定成本為 \$360,000，單位變動成本為售價的 40%，請問該公司的損益兩平點為何？

(A)900,000 盒   (B)1,500,000 盒

(C)7,500 盒   (D)10,000 盒。   【高 110-2】

(   ) 22. 假設有一投資計畫,期初投資 100 萬元,其折舊年限為 5 年,無
殘值,依直線法提折舊,其生產產品之單位售價為 $2,000,單
位變動成本為 $1,500,每年之付現固定成本為 10 萬元,稅率為
17%,折現率為 10%,請問各年度的會計損益兩平點為多少?

(A)200 個   (B)300 個

(C)400 個   (D)600 個。   【高 109-4】

(   ) 23. 已知損益兩平點時之銷貨為 $600,000,邊際貢獻為 $300,000,
則銷貨收入 $900,000 時之營業槓桿度為:

(A)8   (B)6

(C)3   (D)2。   【高 110-2】

(   ) 24. 智強公司只生產一種產品,X1 年時共銷售了 56,000 個單位,
每單位售價 10 元,每單位變動成本及費用 7 元,固定營業費用
80,000 元,當年度利息支出 5,000 元,則其綜合槓桿度為何?

(A)1.61   (B)2.02

(C)3.61   (D) 選項 (A)、(B)、(C) 皆非。

【高 108-4】

(   ) 25. 金寶公司 X1 年度營業利益變動 20%,其營業槓桿度 1.6,財務
槓桿度 2.5,則其每股盈餘變動多少?

(A)25%   (B)16%

(C)50%   (D) 無法判斷。

【高 108-1】【高 108-3】

(   ) 26. 已知豐富公司邊際貢獻率為 60%,銷貨收入 $100,000,其營運
槓桿度為 1.5,試問該公司當年度固定成本及費用為何?

(A)$10,000   (B)$20,000

(C)$80,000   (D) 選項 (A)、(B)、(C) 皆非。

【高 108-2】

（　）27. 久久公司 X1 年度的營業收入為 $2,000,000，營業利益為 $400,000，變動營業成本及費用 $600,000，則 X1 年度其營運槓桿度為：

(A)1.8　　　　　　　　　　(B)2

(C)2.5　　　　　　　　　　(D)3.5。

【高 109-1】【高 109-2】

（　）28. 牛津公司只生產並銷售一種產品，當銷貨量增加 30%，則營業利益增加 90%，X1 年銷貨額 $800,000，稅後淨利 $124,500，無利息費用亦無其他營業外的收入與費用，稅率 17%，則其變動成本及費用為何？

(A)$350,000　　　　　　　　(B)$250,000

(C)$200,000　　　　　　　　(D) 選項 (A)、(B)、(C) 皆非。

【高 108-2】

（　）29. 財務槓桿指數之計算公式為：

(A) 總資產報酬率 ÷ 權益報酬率

(B) 總資產報酬率 ÷ 總資產周轉率

(C) 負債之利率 ÷ 總資產報酬率

(D) 權益報酬率 ÷ 總資產報酬率。　　　【高 109-1】

（　）30. 財務槓桿指數大於 1，表示：

(A) 借款增加　　　　　　　　(B) 舉債經營不利

(C) 負債比率超過總資產報酬率　(D) 舉債經營有利。

【高 108-3】

1.(A)　2.(C)　3.(B)　4.(D)　5.(A)　6.(D)　7.(C)　8.(D)　9.(A)　10.(B)
11.(C)　12.(D)　13.(C)　14.(B)　15.(A)　16.(D)　17.(B)　18.(B)
19.(D)　20.(D)　21.(D)　22.(A)　23.(C)　24.(B)　25.(C)　26.(B)
27.(D)　28.(A)　29.(D)　30.(D)

● **Chapter 16　習題解析**

1. 由 $\dfrac{(P_0 - VC_0) \times Q_0}{P_0 \times Q_0} = \dfrac{40}{100}$，即 $\dfrac{P_0 - VC_0}{P_0} = \dfrac{40}{100}$，

   得 $P_0 - VC_0 = P_0 \times \dfrac{40}{100}$，已知 $P_0 = 1{,}500$，則 $1{,}500 - VC_0 = 1{,}500\dfrac{40}{100}$

   $= 600$，得 $VC_0 = 900$，假設 $VC_0 = VC_1$，故 $P_1 - VC_1 = 1{,}000 - 900 =$
   100。

   依題意，變動前銷貨毛利 = 變動後銷貨毛利，故 $(P_1 - VC_1)Q_1 = (P_0 - VC_0)Q_0$。

   $100 \cdot Q_1 = 600 \cdot Q_0$，故 $Q_1 = 6Q_0$。

2. 固定成本：凡成本之總數在攸關範圍內不隨成本動因之增減而變動者。

3. 損益兩平假設：(1) 單位售價不變；(2) 單位變動成本不變；(3) 生產方法、生產效率與管理政策不變。

4. 安全邊際 = 銷貨收入 – 損益兩平銷貨收入。

5. $TR = P \times Q$，$\Delta TR = P\Delta Q$，已知 $\Delta TR = 82{,}000$，$P = 35$，得 $\Delta Q =$
   $\dfrac{82{,}000}{35}$，由 $\Pi = TR - TC = TR - (VC \times Q + TFC)$，取全微分，得

   $\Delta\Pi = \Delta TR - (VC\Delta Q + \Delta TFC) = \Delta TR - VC\Delta Q = 82{,}000 - 3.5 \times \dfrac{82{,}000}{35}$
   $= 73{,}800$。

6. 營業利益 = 營業收入 – 變動營業成本及費用 – 固定成本，$400{,}000 = 2{,}000{,}000 - 600{,}000 - $ 固定成本，得固定成本 = $1{,}000{,}000$。

$$營運槓桿 = \frac{邊際貢獻}{營業收入 - 變動營業成本及費用 - 固定成本}$$

$$= \frac{2,000,000 - 600,000}{2,000,000 - 600,000 - 1,000,000}$$

$$= 3.5 \circ$$

7. 稅後淨利 $= 2,800,000 \times 8\% = 224,000$，

$$財務槓桿指數 = \frac{股東權益報酬率}{總資產報酬率} = \frac{\dfrac{224,000}{(2,800,000 - 1,200,000)}}{8\%} = \frac{0.14}{8\%} =$$

$1.75 \circ$

8. $財務槓桿比率 = \dfrac{股東權益報酬率}{總資產報酬率} = \dfrac{\dfrac{240,000 - 60,000}{2,400,000 - 300,000 - 900,000}}{\dfrac{240,000 - 60,000}{2,400,000}} =$

$2 \circ$

9. 變動成本是會隨銷售量而變動的部分。

10. $邊際貢獻率 = \dfrac{邊際貢獻}{銷貨收入} = \dfrac{300 - 180}{300} = \dfrac{120}{300} = 0.4$，

$$由損益兩平銷貨收入 = \frac{TFC}{邊際貢獻率} = \frac{TFC + 淨利}{邊際貢獻率} = \frac{120 + 50}{0.4} = 425 \circ$$

$$銷貨收入成長率 = \frac{425 - 300}{300} = 0.4166 = 41.7\% \circ$$

11. 由 $Q = \dfrac{TFC}{P - VC}$，原來的 $Q = \dfrac{400,000}{1 - 0.6} = 1,000,000$，

變動後 $Q = \dfrac{700,000}{1.3 - 0.6} = 1,000,000$，故損益兩平數量不變。

12. 由 $Q = \dfrac{TFC}{P - VC}$，$40,000 = \dfrac{TFC}{20 - 20 \times 80\%}$，得 $TFC = 160,000 \circ$

13. 由 $Q = \dfrac{TFC}{P - VC}$ 等式左右同乘 P，得 $P \cdot Q = \dfrac{TFC}{P - VC} \cdot P = \dfrac{TFC}{\dfrac{P - VC}{P}} =$

$\dfrac{TFC}{\left(1 - \dfrac{VC}{P}\right)}$ 。故要計算損益兩平的銷售金額，須知道 TFC 和 VC/P。

14. 損益兩平分析時，假設單位變動成本在攸關區間內是不變的。

15. 由 $Q = \dfrac{TFC}{P - VC}$ ，當 TFC（固定成本）上升，則損益兩平的銷售量就會

上升。

16. 由 $Q = \dfrac{TFC}{P - VC}$ ，計算損益兩平的銷售量 (Q) 要考慮 TFC（總固定成

本）、P（單位售價）、VC（單位變動成本）。

17. 邊際貢獻率 $= \dfrac{邊際貢獻}{銷貨收入} = \dfrac{300 - 180}{300} = 0.4$ ，由損益兩平的銷貨收入

$= \dfrac{TFC}{邊際貢獻率} = \dfrac{TFC + 淨利}{邊際貢獻率} = \dfrac{120 + 50}{0.4} = 425$ ，銷貨成長率 $=$

$\dfrac{425 - 300}{300} = 41.7\%$ 。

18. 邊際貢獻率 $= \dfrac{銷貨收入 - 總變動成本}{銷貨收入} = 1 - \dfrac{總變動成本}{銷貨收入}$ ，

當 $\dfrac{總變動成本}{銷貨收入}$ 下降，則邊際貢獻率會上升。

19. 由 $Q = \dfrac{TFC}{P - VC}$ ，當 VC 增加 200，

則 $Q = \dfrac{TFC}{P + 200 - (VC + 200)} = \dfrac{TFC}{P - VC}$ ，故 $Q = \dfrac{TFC}{P - VC}$ ，

即損益兩平的皮鞋銷售件數 (Q) 不變。

20. 由損益兩平銷售量公式：$Q = \dfrac{TFC}{P - VC}$，會影響損益兩平的銷售量的項目有：TFC（總固定成本）、P（每單位售價）、VC（每單位變動成本）。

21. 由 $Q = \dfrac{TFC}{P - VC}$，$Q = \dfrac{360,000}{60 - 60 \times 40\%} = 10,000$。

22. 由 $Q = \dfrac{TFC}{P - VC} = \dfrac{100,000}{2,000 - 1,500} = 200$（個）。

23. 邊際貢獻率 $= \dfrac{邊際貢獻}{銷貨收入} = \dfrac{300,000}{900,000} = 1/3$，

    兩平銷貨收入 $= \dfrac{TFC}{邊際貢獻率}$，$600,000 = \dfrac{TFC}{1/3}$，得 TFC = 200,000，

    營業槓桿 $= \dfrac{邊際貢獻}{邊際貢獻 - 總固定成本} = \dfrac{300,000}{300,000 - 200,000} = 3$。

24. 邊際貢獻：銷貨收入 － 總變動成本 $= Q(P - VC) = 56,000(10 - 7) = 168,000$。

    營業利益 － 利息費用 ＝ 邊際貢獻 － 固定營業費用 － 利息費用 $= 56,000(10 - 7) - 80,000 - 5,000 = 83,000$。

    綜合槓桿度公式：$\dfrac{\Delta EPS/EPS}{\Delta Q/Q}$ 或 $\dfrac{邊際貢獻}{營業利益 - 利息費用} = \dfrac{168,000}{8,300} = 2.02$。

25. 財務槓桿 $= \dfrac{\Delta EPS/EPS}{\Delta EBIT/EBIT}$，$2.5 = \dfrac{\Delta EPS/EPS}{20\%}$，得 $\dfrac{\Delta EPS}{EPS} = 2.5 \times 20\% = 50\%$。

26. 邊際貢獻率 $= \dfrac{銷貨收入 - 總變動成本}{銷貨收入}$，

    $60\% = \dfrac{100,000 - 總變動成本}{100,000}$，得總變動成本 = 40,000，

$$營運槓桿 = \frac{邊際貢獻}{邊際貢獻 - 固定成本},$$

$$1.5 = \frac{100,000 - 40,000}{100,000 - 40,000 - 固定成本}, 得固定成本 = 20,000。$$

27. 營業利益 = 營業收入 – 變動營業成本及費用 – 固定成本，

400,000 = 2,000,000 – 600,000 – 固定成本，得固定成本 = 1,000,000，

$$營運槓桿 = \frac{邊際貢獻}{邊際貢獻 - 固定成本} = \frac{2,000,000 - 600,000}{2,000,000 - 60,000 - 1,000,000} =$$

$$= 3.5。$$

28. 營業槓桿度：$\dfrac{\Delta EBIT/EBIT}{\Delta Q/Q} = \dfrac{邊際貢獻}{營業利益} = \dfrac{銷貨收入 - 變動成本及費用}{營業利益}。$

$$\frac{90\%}{30\%} = \frac{800,000 - 變動成本及費用}{124,500 \div (1 - 17\%)}, 得變動成本及費用 = 350,000。$$

29. 財務槓桿指數 $= \dfrac{股東權益報酬率}{總資產報酬率}。$

30. 財務槓桿指數 $= \dfrac{股東權益報酬率}{總資產報酬率} > 1$，即股東權益報酬率 > 總資產報酬

率，股東因舉債而獲利，故舉債經營有利。

Chapter 17

每股盈餘與評估

一、每股盈餘

定義：

在會計期間內，平均每股普通股所賺得之盈餘或承擔之損失。

每股盈餘的計算，區分成基本每股盈餘與稀釋每股盈餘兩種，公式說明如下：

$$基本每股盈餘 = \frac{本期淨利 - 特別股股利}{普通股加權平均流通在外股數}。$$

分子項：特別股股利不論當年是否宣告發放，一律要先從本期淨利扣除，若是累計特別股有過去應發放而未發放的股利，也僅扣除當期的股利。

分母項：發放股票股利與股票分割，必須往前追溯調整。

例

桃園公司於 1/1 流通在外普通股共 10,000 股，4/1 公司購回庫藏股 1,500 股，5/1 分派 20% 之股票股利，7/1 現金增資發行新股 2,000 股，9/1 出售 1,500 庫藏股，10/1 以 2：1 進行股票分割，試求加權平均流通在外股數？

解：

流通在外股數		加權期間		股票股利 20%		股票分割 1：2		加權平均
10,000	×	12/12	×	1.2	×	2	=	24,000
(1,500)	×	9/12	×	1.2	×	2	=	(2,700)
2,000	×	6/12	×		×	2	=	2,000
1,500	×	4/12	×		×	2	=	1,000
								24,300

加權平均流通在外股數為 24,300。

考題範例

林內公司流通在外之普通股共 100,000 股，且在當年度沒有發生應調整股數事項，其認購權證的履約價格為每股 50 元，當期普通股的每股平均

市價為 100 元。所有認購權證履約可取得普通股總股數為 10,000 股。則其用以計算稀釋每股盈餘之約當股數為：

(A)20,000 股　(B)85,000 股　(C)100,000 股　(D)105,000 股。

【高 110-2】

解：(D)。

稀釋每股盈餘 =

$$\frac{\text{本期淨利} - \text{特別股股利} + \text{可轉換特別股股利} + \text{可轉換公司債利息} \times (1 - \text{稅率})}{\text{普通股加權平均流通在外股數} + \text{稀釋性普通股股數}}。$$

稀釋性普通股股數：

$$\text{認購股數} - \frac{\text{認購股數} \times \text{認購價}}{\text{平均市價}} = 10,000 - \frac{10,000 \times 50}{100} = 5,000（股）。$$

普通股加權平均流通在外股數 + 稀釋性普通股股數 = 100,000 + 5,000 = 105,000（股）。

二、稀釋每股盈餘

稀釋每股盈餘 =

$$\frac{\text{本期淨利} - \text{特別股股利} + \text{可轉換特別股股利} + \text{可轉換公司債利息} \times (1 - \text{稅率})}{\text{普通股加權平均流通在外股數} + \text{稀釋性普通股股數}}。$$

稀釋分子分母影響數：

	分子項增加	分母項增加
認股權		認購股數 $-\dfrac{\text{認購股數} \times \text{認購價}}{\text{平均市價}}$
可轉換特別股	特別股股利	特別股可轉換股數
可轉換公司債	可轉換公司債利息費用 ×（1－稅率）	公司債可轉換股數

考題範例

小林公司 X1 年初流通在外普通股股數為 60,000 股。該公司 X1 年初另有按面額發行之 6% 可轉換公司債 3,500 張，每張面額 $100，每張公司債

可轉換 3 股普通股，X1 年無實際轉換發生。X1 年度淨利為 $700,000，稅率為 20%，則小林公司 X1 年度之稀釋每股盈餘為：

(A)$5,125　(B)$8,230　(C)$5,625　(D)$10,167。　　　　　【高 109-2】

解：(D)。

$$稀釋的每股盈餘 = \frac{700,000 + 3,500 \times 100 \times 6\% (1 - 20\%)}{60,000 + 3,500 \times 3} = 10,167。$$

三、盈餘品質評估與預測

（一）盈餘品質

一家公司盈餘數字的高低，固然是投資者關心的焦點；然而財報上的盈餘數字是否真能化為穩定的現金收益，才是公司能持續成長及維持股價長期向上的關鍵。

盈餘品質真正反應公司的競爭力，為股東創造出投資的長期價值。

$$盈餘品質 = \frac{營業現金流}{稅後淨利}$$　表示稅後淨利轉換成來自營業的現金流量，當

稅後淨利轉換成來自營業的現金流量越多，即來自營業的現金流量越高，代表盈餘品質越高。

影響盈餘品質的因素：

1. 會計政策的選擇。2. 資產變現之風險。3. 現金流量與盈餘關係。

✎考題範例

下列何者是會影響盈餘品質的因素？

(A) 會計政策的選擇　(B) 資產變現之風險性　(C) 現金流量與盈餘關係
(D) 選項 (A)、(B)、(C) 皆是。　　　　　【高 109-2】

解：(D)。

$$盈餘品質 = \frac{營業現金流}{稅後淨利}$$，由盈餘品質的組成可知，會計政策的選擇、

資產變現之風險性、現金流量與盈餘關係，皆會影響盈餘品質。

（二）盈餘管理

盈餘管理就是管理當局為了極大化個人的效用，或公司的市場價值等目的進行會計政策的選擇，從而調節公司盈餘的行為。

影響盈餘管理的因素：

1. 籌措資金的需求。

2. 避免盈餘過高或過低，即盈餘平穩化。

3. 節省稅負。

4. 與利害關係人維持良好的關係。

盈餘管理的方式：

1. 透過事件的發生或承認達到平滑的目的。

2. 透過不同期間的分類達到平滑的目的。

3. 透過分類達到平滑的目的。

（三）盈餘操縱

盈餘操縱：管理當局出於某種動機，例如：逃漏稅、維持良好的產業關係、增加管理人員的薪資紅利等，對企業盈餘進行操縱行為。

（四）盈餘預測

盈餘預測是過去的歷史財務資料來測預未來的盈餘。

（五）財務預測

財務預測是企業依其計畫及經營環境，對未來財務狀況、經營成果及現金流量所作的最適估計。對企業銷貨收入的預測是和現金流量的預測最為密切。

✎考題範例

基於以下哪一項假設性的消息，投資人可能會調高其對善化商業銀行盈餘預測值？

(A) 中時頭條：經建會預測明年起國內經濟成長將趨緩　(B) 善化銀行月刊頭條：會計師陳君指出：「為了顧及帳務處理的簡便，在沒有違反重要性原則的前提下，去年度善化銀行有幾項資本支出被逕行列認為費用」(C) 工商頭條：央行宣布大幅調升貼現率　(D) 經濟頭條：存款準備率下限將進一步

降低。 【高 108-1】

解：(D)。

中央銀行的存款準備率下限，若進一步降低則商業銀行可貸放的資金增加，可提高商業銀行的收益，故投資人可能會調高其對該銀行的盈餘預測值。

( ) 1. 甲、出售長期投資收入；乙、薪資費用；丙、停業單位損益。若
按其可預測性由高到低排列，其順序為：

    (A) 甲、乙、丙   (B) 乙、甲、丙

    (C) 丙、乙、甲   (D) 甲、丙、乙。　【普 111-1】

( ) 2. 下列有關每股盈餘之敘述，何者不正確？

    (A) 每股盈餘常用於衡量獲利能力

    (B) 每股盈餘係針對普通股而言

    (C) 特別股部分須另外計算其每股盈餘

    (D) 年中現金增資，須按全年加權平均股數計算每股盈餘。

                                  【普 108-1】【普 109-2】

( ) 3. 公司採用完工比例法或全部完工法，工程結束後，何者會使其累
計每股盈餘較大？（假設不考慮稅，且其他條件不變下）

    (A) 完工比例法   (B) 全部完工法

    (C) 不一定   (D) 兩法相等。

                                  【普 108-4】【普 109-1】

( ) 4. 評估公司獲利能力之指標通常為：

    (A) 每股市價   (B) 每股盈餘

    (C) 每股股利   (D) 每股帳面金額。

                                  【普 108-2】【普 110-1】

( ) 5. 每股盈餘之計算公式為：

    (A) 普通股股利／普通股期末流通在外股數

    (B) 保留盈餘／普通股期末流通在外股數

    (C) 普通股享有之淨利／加權平均流通在外普通股股數

    (D) 普通股享有之淨利／普通股期末流通在外股數。

                                        【普 108-3】

（　）6. 某上市公司同時流通在外之證券有普通股及可轉換公司債，請問在該公司正常獲利之情形下，下列何者之數據最低？

(A) 簡單每股盈餘

(B) 基本每股盈餘

(C) 完全稀釋每股盈餘

(D) 選項 (A)、(B)、(C) 均相等。　　【普 108-1】【普 108-2】

（　）7. 下列哪一項不影響企業報導盈餘數字的品質？

(A) 存貨計價方式　　　　　　　(B) 折舊方法

(C) 呆帳費用認列方式　　　　　(D) 每股盈餘金額的大小。

【普 109-1】【普 109-2】

（　）8. 下列何者會影響盈餘的品質？甲、會計政策；乙、物價水準波動；丙、損益之組成；丁、公司治理

(A) 僅甲、乙　　　　　　　　　(B) 僅甲

(C) 僅甲、乙、丁　　　　　　　(D) 甲、乙、丙、丁皆會。

【普 108-3】

（　）9. 大華公司為出口商，若預期臺幣會貶值，在銷售價格不變下，則投資人對其每股盈餘預測：

(A) 上升　　　　　　　　　　　(B) 不變

(C) 下降　　　　　　　　　　　(D) 沒影響。　　【普 111-1】

（　）10. 所謂的稀釋每股盈餘是指企業在計算每股盈餘時要另行考慮下列哪些影響？

(A) 淨利受到企業當年度的停業單位損益的影響

(B) 停業單位損益可能增加或減少的流通在外普通股股利的影響

(C) 可轉換證券可能增加企業流通在外普通股股數的影響

(D) 可轉換證券可能對企業所帶來的潛在利益的影響。

【高 108-1】【高 108-4】

（　）11. 某公司 X6 年底流通在外之普通股有 120,000 股，X7 年 5 月 1 日發行新股 12,000 股，10 月 31 日收回 24,000 股，X7 年度獲

利 $421,600，則 X7 年底每股盈餘為何？

(A)$3 　　　　　　　　　　　(B)$3.40

(C)$2.90 　　　　　　　　　(D)$3.50。

【高 108-2】【高 109-1】

( ) 12. 林內公司流通在外之普通股共 100,000 股，且在當年度沒有發生應調整股數事項；其認購權證的履約價格為每股 50 元；當期普通股的每股平均市價為 100 元。所有認購權證履約可取得普通股總股數為 10,000 股。則其用以計算稀釋每股盈餘之約當股數為：

(A)20,000 股 　　　　　　　(B)85,000 股

(C)100,000 股 　　　　　　 (D)105,000 股。

【高 110-1】【高 110-2】

( ) 13. 每股盈餘之計算公式為：

(A) 普通股股利／普通股期末流通在外股數

(B) 保留盈餘／普通股期末流通在外股數

(C) 普通股享有之淨利／加權平均流通在外普通股股數

(D) 普通股享有之淨利／普通股期末流通在外股數。

【高 108-1】【高 110-2】

( ) 14. 小林公司 X1 年初流通在外普通股股數為 60,000 股。該公司 X1 年初另有按面額發行之 6% 可轉換公司債 3,500 張，每張面額 $100，每張公司債可轉換為 3 股普通股，X1 年無實際轉換發生。X1 年度淨利為 $700,000，稅率為 20%，則小林公司 X1 年度之稀釋每股盈餘為：（小數點第三位四捨五入）

(A)$5.13 　　　　　　　　　(B)$8.23

(C)$5.63 　　　　　　　　　(D)$10.17。

【高 109-1】【高 109-2】

( ) 15. 基於以下哪一項假設性的消息，投資人可能會調高其對善化商業銀行盈餘預測值？

(A) 中時頭條：經建會預測明年起國內經濟成長將趨緩

(B) 善化銀行月刊頭條：會計師陳君指出：「為了顧及帳務處理

的簡便，在沒有違反重要性原則的前提下，去年度善化銀行有幾項資本支出被逕行列記為費用」

(C) 工商頭條：央行宣布大幅調升貼現率

(D) 經濟頭條：存款準備率下限將進一步降低。　　【高 108-1】

（　）16. 資產負債表外負債越多，則其盈餘品質：

(A) 越高　　　　　　　　　　(B) 沒有影響

(C) 越低　　　　　　　　　　(D) 不一定。　　【高 109-4】

（　）17. 在缺少其他相關訊息時，基於以下哪一項新聞報導，投資人最不可能調低其對天山企業盈餘預測值？

(A) 上游廠商宣布未來將大幅減少產量

(B) 下游廠商宣布未來將大幅減少產量

(C) 競爭廠商宣布未來將大幅減少產量

(D) 天山企業宣布未來將大幅減少產量。　　【高 110-1】

（　）18. 下列何者是會影響盈餘品質的因素？

(A) 會計政策的選擇　　　　　(B) 資產變現之風險性

(C) 現金流量與盈餘關係　　　(D) 選項 (A)、(B)、(C) 皆是。

【高 109-2】

（　）19. 一般而言，下列哪一項目和企業現金流量的預測最為密切？

(A) 預測之進貨金額　　　　　(B) 預測之銷貨金額

(C) 預估資金成本　　　　　　(D) 預測之營業費用金額。

【高 109-2】

1.(B)　2.(C)　3.(D)　4.(B)　5.(C)　6.(C)　7.(D)　8.(D)　9.(A)　10.(C)
11.(B)　12.(D)　13.(C)　14.(D)　15.(D)　16.(C)　17.(C)　18.(D)
19.(B)

● **Chapter 17　習題解析**

1. 依綜合損益表的排列順序：薪資費用（列在營業費用）、出售長期投資收入（列在營業外收入）、停業單位損益，也表示其可預測性由高到低的排列。

2. 每股盈餘僅針對普通股。

3. 工程結束後兩法的累計淨利皆相同，故兩法的「累計」每股盈餘是相等的。

4. $每股盈餘 = \dfrac{稅後淨利}{加權平均流通在外普通股股數}$。

5. $基本每股盈餘 = \dfrac{本期淨利 - 特別股股利}{普通股加權平均流通在外股數}$。

6. $基本每股盈餘 = \dfrac{本期淨利 - 特別股股利}{普通股加權平均流通在外股數}$。

   完全稀釋每股盈餘 =

   $\dfrac{本期淨利 - 特別股股利 + 可轉換特別股股利 + 可轉換公司債利息 \times (1 - 稅率)}{普通股加權平均流通在外股數 + 稀釋性普通股股數}$。

7. 影響盈餘品質的因素：(1) 會計政策的選擇、(2) 資產變現之風險、(3) 現金流量與盈餘關係。

8. 會計政策、物價水準波動、損益之組成與公司治理皆是影響盈餘的品質。

9. 若臺幣貶值，則出口的成本下降，在銷售價格不變的情況下，銷貨毛利

   上升，則稅後淨利提高，而 $每股盈餘 = \dfrac{稅後淨利}{加權平均流通在外股數}$，將使

每股盈餘上升。

10. 可轉換證券將來轉換成普通股，將使企業流通在外的股數增加，在稅後淨利不變的情況下，稀釋每股盈餘會下降。

11. $120,000 \times \dfrac{12}{12} + 12,000 \times \dfrac{8}{12} - 24,000 \times \dfrac{2}{12} = 124,000$，

$EPS = \dfrac{421,600}{124,000} = 3.4$。

12. 稀釋每股盈餘 =

$$\dfrac{\text{本期淨利} - \text{特別股股利} + \text{可轉換特別股股利} + \text{可轉換公司債利息} \times (1 - \text{稅率})}{\text{普通股加權平均流通在外股數} + \text{稀釋性普通股股數}}。$$

稀釋性普通股股數：

$$\text{認購股數} - \dfrac{\text{認購股數} \times \text{認購價}}{\text{平均市價}} = 10,000 - \dfrac{10,000 \times 50}{100} = 5,000（股）。$$

稀釋每股盈餘之約當股數（即稀釋每股盈餘的分母項）= 100,000 + 5,000 = 105,000（股）。

13. $EPS = \dfrac{\text{稅後淨利} - \text{特別股股利}}{\text{普通股加權平均流通在外股數}} = \dfrac{\text{普通股享有之淨利}}{\text{普通股加權平均流通在外股數}}。$

14. 公司債面額 = 3,500 × 100 = 350,000，可轉換公司債利息 = 350,000 × 6% = 21,000，

稀釋每股盈餘 =

$$\dfrac{\text{本期淨利} - \text{特別股股利} + \text{可轉換特別股股利} + \text{可轉換公司債利息} \times (1 - \text{稅率})}{\text{普通股加權平均流通在外股數} + \text{稀釋性普通股股數}}$$

$$= \dfrac{700,000 + 21,000 \times (1 - 20\%)}{60,000 + 3,500 \times 3} = \dfrac{716,800}{70,500} = 10.17。$$

15. 中央銀行的存款準備率下限若進一步降低，則商業銀行可貸放的資金增加，可提高商業銀行的收益，故投資人可能會調高其對該銀行的盈餘預測值。

16. 盈餘品質 = $\dfrac{\text{營業現金流}}{\text{稅後淨利}}$，若資產負債表外負債越多，則營業現金流下

降，即盈餘品質降低。

17. 當競爭廠商宣布未來將大幅減少產量，對該企業而言市場占有率可望提升，有助於企業營收增加，所以投資人最不可能因此調低該企業的盈餘預測。

18. 盈餘品質 $= \dfrac{\text{營業現金流}}{\text{稅後淨利}}$，會計政策的選擇、資產變現之風險性、現金流量與盈餘關係，皆會影響盈餘品質。

19. 銷貨收入可能來自：賒銷或現銷，所以預測之銷貨收入和現金流量的預測最為密切。

Chapter 18

資本預算

一、攸關資訊與決策

（一）攸關資訊的特性

1. 攸關成本（收入）是指未來的成本（收入）且因方案之選擇而金額不同，而非過去行動已發生的成本（例如沉沒成本）或已賺得之收入。

2. 金額會隨方案選擇而不同的成本或收入。若在不同的方案均會發生且金額相同，則對方案選擇將無影響，即為非攸關資訊。

3. 有些成本或收入因未實際發生而不顯示於會計記錄及財務報表，但卻對決策有重大影響，而為決策之攸關資訊，例如：機會成本。

（二）何者為攸關成本

1. 可免成本：凡某一方案不採行即可不發生。

2. 不可免成本：無論方案之採行與否皆會發生之成本。

3. 沉沒成本：因過去的決策而已發生的成本，無法在現在或未來的任何決策而改變的成本。

4. 付現成本：凡須於現在或未來以現金支付的成本。

   投資計畫投資成本之決定：(1) 應考慮機會成本。(2) 應考慮投資成本。(3) 應考慮重置成本。

二、資金的成本

（一）折現率的決定

1. 邊際成本觀念：評估任一投資計畫時應以該特定計畫所使用資金之實際籌資成本為折現率。

2. 機會成本觀念：任何計畫之採行，其報酬應至少相當於資金用於其他最有利之投資所能產生之報酬，該最佳用途的報酬率為折現率。

3. 加權平均資金成本觀念：

   債務資金成本 = 名目利率 × （1 – 稅率）

   權益資金成本：可由下列三種方式求得：

   (1) CAPM：$E(R_i) = R_f + \beta_i \times [E(R_m) – R_f]$，其中 $E(R_i) = k_e$。

   (2) APT：$E(R_i) = R_f + \lambda_1 b_{i1} + \lambda_2 b_{i2} + \cdots\cdots + \lambda_p b_{ip}$，其中 $E(R_i) = k_e$。

   (3) 高登成長模式：$P_0 = \dfrac{D_1}{k_e – g}$，即 $k_e = \dfrac{D_1}{P_0} + g$，式中 D_1：下一期

股利，P_0：目前股價，g：成長率。

加權資金成本：

債務資金比重 × 債務資金成本 + 權益資金比重 × 權益資金成本。

$$債務資金比重 = \frac{債務資金}{債務資金 + 權益資金}$$

$$權益資金比重 = \frac{權益資金}{債務資金 + 權益資金}$$

（二）稅率

$$1. 平均稅率（或稱有效稅率）= \frac{總稅收}{稅前總所得}$$

$$2. 邊際稅率 = \frac{\Delta 總稅收}{\Delta 稅前總所得}$$

三、資本預算評估方法

（一）淨現值法（**NPV** 法）

$$NPV = \frac{CF_1}{(1+K)^1} + \frac{CF_2}{(1+K)^2} + \frac{CF_3}{(1+K)^3} + \cdots\cdots + \frac{CF_n}{(1+K)^n} - C_0$$

$$= \sum_{i=1}^{n} \frac{CF_i}{(1+K)^i} - C_0$$

若 NPV > 0 則該計畫的報酬率 (K) 大於資金成本，表示可投資。

CF_i：表第 i 期的實質現金流量（未考慮通貨膨脹、稅負、折舊）

C_0：第 0 期的投資成本

K：名目折現率

ρ：通貨膨脹率

DEP_i：第 i 期的折舊費用

t：稅率

1. 免稅，且有通貨膨脹：

$$NPV = \sum_{i=1}^{n} \frac{CF_i(1+\rho)^i}{(1+K)^i} - C_0$$

2. 無通貨膨脹，有課稅：

$$NPV = \sum_{i=1}^{n} \frac{(CF_i - DEP_i)(1-t) + DEP_i}{(1+K)^i} - C_0$$

淨現值法之優缺點：

優點：

(1) 考慮貨幣的時間價值。

(2) 考慮整個投資存續期間內所有現金流量的資料。

(3) 符合價值附加性原則。

(4) 假設以資金的機會成本將投資所得再投資。

缺點：

(1) 折現率的決定是主觀的判斷。

(2) 當各投資方案的存續期間不同，或投資金額不等時，以淨現值的大小常無法決定各方案的優先順序，仍需採主觀的判斷為之。

3. 有通貨膨脹，有課稅：

$$NPV = \sum_{i=1}^{n} \frac{[(CF_i - DEP_i)(1-t) + DEP_i](1+\rho)^i}{(1+K)^i} - C_0$$

補充説明：所得稅效果

所得稅對投資方案現金流量的影響有兩種：

(1) 造成投資方案現金流量的減少；(2) 原本不影響現金之收入費用科目（例如：折舊費用），透過所得稅的效果也能對現金流量的增減有所影響。

	不考慮折舊	考慮折舊
稅前及折舊前盈餘	CF	CF
折舊		DEP
	CF	CF – DEP
所得稅（稅率 t）	t × CF	t × (CF – DEP)
稅後盈餘	(1 – t)CF	(1 – t) × (CF – DEP)
加：不造成現金流出之折舊費用		DEP
稅後現金流入	(1 – t) × CF	(1 – t) × (CF – DEP) + DEP

（二）內部報酬率法（**IRR** 法）

使現金流入之現值等於現金流出之現值的折現率，即使 NPV = 0 之折現率。

$$NPV = 0 = \sum_{i=1}^{n} \frac{CF_i}{(1+IRR)^i} - C_0$$

CF_i：表第 i 期的實質現金流量

C_0：第 0 期的投資成本

若 IRR > 資金成本，則該方案可投資。

NPV 與 IRR 之比較：

1. 再投資報酬率之假設：

   NPV 假設以資金的機會成本將投資所得再投資，較合理。而 IRR 法則以 IRR 為再投資報酬率，不合理。

2. 價值附加性原則：

   NPV 符合價值附加性原則，而 IRR 不符合價值附加性原則。

3. 多個報酬率：

   IRR 法在運算時可能會產生多個報酬率的情況發生。

（三）利潤指數法（**PI** 法）

$$利潤指數（PI）= \frac{未來淨現金流量現值}{原始投資金額}$$

當 PI > 1，表示未來淨現金流量現值 > 原始投資金額，即可投資。

（四）回收期限法

回收期限係指公司能從投資方案的現金流量中回收期初投入資金所需要的時間，此法的決策法則是選擇能在最短期限內回收成本之方案者。

例

	現金流量			
年	**A**	**B**	**C**	**D**
0	−1,000	−1,000	−1,000	−1,000
1	100	0	100	200
2	900	0	200	300
3	100	300	300	500
4	−100	700	400	500
5	−400	1,300	1,250	600

A 方案：第一年 + 第二年 = 100 + 900 = 1,000

B 方案：第一年 + 第二年 + 第三年 + 第四年 = 0 + 0 + 300 + 700 = 1,000

C 方案：第一年 + 第二年 + 第三年 + 第四年 = 100 + 200 + 300 + 400 = 1,000

D 方案：第一年 + 第二年 + 第三年 = 200 + 300 + 500 = 1,000

故最短的回收期限為 2 年，即選擇 A 方案。

（五）會計報酬率法（**ARR** 法）

$$ARR = \frac{平均每年會計淨利增加數}{原始投資額（或平均投資額）}$$

在所選擇的方案計算 ARR，再從 ARR 裡選出最高者。

以上述的例子，計算各方案的 ARR 如下：

A 方案 $= \dfrac{100+900+100-100-400}{5} \Big/ \dfrac{1,000}{2} = 24\%$

$$B \text{ 方案} = \frac{0+0+300+700+1,300}{5} \bigg/ \frac{1,000}{2} = 92\%$$

$$C \text{ 方案} = \frac{100+200+300+400+1,250}{5} \bigg/ \frac{1,000}{2} = 90\%$$

$$D \text{ 方案} = \frac{200+300+500+500+600}{5} \bigg/ \frac{1,000}{2} = 84\%$$

上述方案以方案 B 的 ARR 最高，故選擇方案 B。

ARR 的缺點：

1. 忽略貨幣的時間價值。

2. 未考慮現金流量直接以會計淨利為報酬。

3. 以原始投資金額作為分母所計算之報酬率，忽略資產帳面金額會逐年遞減的事實。

四、資本預算不確定因素之考量

先前介紹的資本預算評估方法，都假設投資計畫之原始投資、各期的淨現金流量、產生現金流量的期間，及資本的成本率皆為已知的，實際上上述的資訊是不確定的，面對這種不確定的風險，可採下列兩種方法來回應：

（一）敏感性分析

敏感性是指估計或是假設改變，對結果的影響程度，例如：在不同的投資存續期間，討論對淨現值的影響，或在各種預計的淨現金流量下，討論對淨現值的影響。

（二）蒙地卡羅分析法

蒙地卡羅分析法一般稱為模擬，主要是針對現金流量的不確定性，透過統計抽樣，反覆抽取現金流量組的淨現值，得到各投資計畫的淨現值之機率分配，若得知淨現值的機率分配，即可估計淨現值的預期值與標準差，即期望的淨現值與風險值。

它的優點是：1. 評估一投資方案的風險。2. 預測未來的現金流量。3. 將未來變數間的關係納入模型中。

( ) 1. 在數個投資方案中作選擇時,下列何者現金流量是非攸關的?

(A) 各方案未來期望現金流量之差異

(B) 付給顧問公司協助作選擇的費用

(C) 各方案期初投資金額之差異

(D) 各方案投資於營運資金數額之差異。 【高 108-4】

( ) 2. 投資計畫支付某項成本,已無法產生未來的收益(或效益)可稱為何者?

(A) 隱含成本   (B) 機會成本

(C) 殘餘成本   (D) 沉沒成本。

【高 108-1】【高 109-1】

( ) 3. 邊際稅率是指:

(A) 公司適用之最低稅率

(B) 公司平均的稅率

(C) 公司預期在未來最高的稅率

(D) 稅前純益每多 1 元所要繳的稅。 【高 108-2】【高 109-2】

( ) 4. 紐約公司 109 年度帳列稅前盈餘為 $1,400,000,其中包括免稅利息收入 $300,000,該公司另可享受 $100,000 之投資抵減。假設所得稅率為 20%,則紐約公司 109 年度之有效稅率 (Effective Tax Rate) 為:

(A)33.33%   (B)30.91%

(C)40.00%   (D)8.57%。 【高 110-1】

( ) 5. 進行企業股權評價時,對公司自由現金流量 (Free Cash Flow to Firm) 使用的折現率通常為:

(A) 加權平均資金成本率,以其折現計算出的總價值減去負債的價值即為股東權益的價值

(B) 加權平均資金成本率,以其折現計算出的數字即為股東權益

之價值

    (C) 權益資金成本率，以其折現計算出的數字即為股東權益之價值

    (D) 權益資金成本率，以其折現計算出的總價值減去負債的價值即為股東權益的價值。　　　　　【高 109-1】【高 109-3】

( )　6. 一投資方案的資金成本是：

    (A) 一個經過充分分散風險投資組合的期望報酬率

    (B) 投資方案貸款的利率

    (C) 投資人要求與該投資方案風險類似證券之期望報酬率

    (D) 銀行基本放款利率。　　　　　　　　　　　　【高 108-1】

( )　7. 若中洲電信公司權益資金成本是 20%，舉債利率是 10%，所得稅率是 17%，已知公司負債權益比率是 6：4，並知道公司將全部向銀行貸款來擴建新的機房，試問中洲電信公司之資金成本是（假設不考慮兩稅合一）：

    (A)8.36%　　　　　　　　　　(B)10.65%

    (C)12.98%　　　　　　　　　(D)15%。

　　　　　　　　　　　　　　　　　　【高 108-1】【高 110-1】

( )　8. 估計資金成本的方法包括：

    (A) 以「（預期下一期的股利／目前股價）＋股利成長率」之估計值估計

    (B) 利用資本資產定價模式估計

    (C) 利用套利定價模式估計

    (D) 選項 (A)、(B)、(C) 皆可。　　　　　　　　　【高 108-3】

( )　9. 若同開科技公司之資金成本 13.66%，已知權益資金成本是 15%，所得稅率是 17%，已知公司負債權益比率是 1：4，且該公司的負債為銀行貸款，試問該公司舉債利率為何？

    (A)15%　　　　　　　　　　(B)10%

    (C)9.60%　　　　　　　　　(D)8%。　　　　　【高 108-2】

( ) 10. 在應用內部報酬率法 (IRR) 時，若面臨的是典型的現金流量型態之投資計畫，則接受投資的條件是當內部報酬率：

(A) 大於 0 時　　　　　　　　(B) 等於 0 時
(C) 小於資金成本率時　　　　　(D) 大於資金成本率時。

【高 108-4】

( ) 11. 若一計畫的內部報酬率大於其資金成本率，則表示該計畫之淨現值：

(A) 大於 0　　　　　　　　　　(B) 小於 0
(C) 等於 0　　　　　　　　　　(D) 不一定大於或小於 0。

【高 108-3】【高 110-1】

( ) 12. 有關淨現值法的優點，下列敘述何者正確？ 甲、對現金流量折現時考慮到貨幣的時間價值；乙、考慮到投資計畫的全部現金流量；丙、符合價值可加原則；丁、考慮了投資風險

(A) 僅乙與丙正確　　　　　　　(B) 僅甲與丁正確
(C) 僅甲、丙與丁正確　　　　　(D) 甲、乙、丙、丁皆正確。

【高 109-2】【高 109-4】

( ) 13. 使得淨現值為 0 之折現率稱為：

(A) 資金成本率　　　　　　　　(B) 會計報酬率
(C) 必要報酬率　　　　　　　　(D) 內部報酬率。 【高 109-2】

( ) 14. 評估投資計畫最好的方法為何？

(A) 還本法　　　　　　　　　　(B)IRR 法
(C)NPV 法　　　　　　　　　　(D) 利潤指數法。 【高 110-1】

( ) 15. 就 NPV 法與 IRR 法的比較，下列何者為非？

(A) 兩者皆考量到現金流量時間價值
(B) 兩者可能產生不同的決策結果
(C) 兩者皆符合價值相加法則
(D)IRR 法的解可能為多個，而 NPV 法只有一個解。

【高 109-3】

（　）16. 以平均會計報酬率法衡量資本預算：

(A) 可以合理考慮到現金流量時間價值

(B) 考量到資金套牢時間的長短

(C) 是一種現金流量折現法

(D) 一般可由平均會計利潤除以平均會計成本衡量。

【高 109-1】

（　）17. 在評估投資計畫時所用的平均會計報酬率法：

(A) 主要是利用現金流量的數字作分析

(B) 考慮了貨幣的時間價值

(C) 通常我們會將其與資金成本率作比較

(D) 並未將現金流量折現。　　　　【高 108-4】

（　）18. 利潤指數 (Profitability Index) 是：

(A) 內部報酬率與資金成本率之比率

(B) 總收入與總成本之比率

(C) 內部報酬率與市場報酬率之比率

(D) 現金流量現值對期初投資成本之比率。　【高 109-1】

（　）19. 評估投資計畫時，其年限應採何者為宜？

(A) 長期資產經濟年限　　　　(B) 長期資產實體年限

(C) 長期資產會計登錄年限　　(D) 長期資產實體耐用年限。

【高 109-2】

（　）20. 分析淨現值如何受到一些關鍵變數影響的方法稱為：

(A) 營運分析　　　　　　　　(B) 敏感度分析

(C) 成本效益分析　　　　　　(D) 損益兩平點分析。

【高 109-3】【高 110-2】

（　）21. 在作資本預算決策時採用蒙地卡羅模擬的好處在於讓我們更能夠：

(A) 評估一投資方案之風險

(B) 預測未來之現金流量

(C) 將未來變數間的關係納入模型中

(D) 選項 (A)、(B)、(C) 皆是。 【高 109-2】

( ) 22. 在作資本預算決策時常碰到的問題包括：

(A) 預測未來現金流量時有偏誤

(B) 資金成本率的估計不夠客觀

(C) 公司單位之間會有利益衝突的發生

(D) 選項 (A)、(B)、(C) 皆是。 【高 109-1】

( ) 23. 以下哪種評價方法在評價時會將評價標的決策彈性納入考量？

(A) 傳統淨現值法 (B) 成本加成法

(C) 實質選擇權法 (D) 回收期間法。 【高 109-3】

( ) 24. BOT（建造、營運、移轉）的公共建設投資開發型態，影響其投資計畫效益評估之因素有哪些？

(A) 投資開發年限

(B) 殘值價值估計

(C) 營運開發期的成本效益估計

(D) 選項 (A)、(B)、(C) 皆對。 【高 109-2】【高 109-4】

( ) 25. 經濟租 (Economic Rent) 發生的原因為：

(A) 先進入市場 (B) 擁有別人沒有的生產技術

(C) 擁有別人無法擁有的資產 (D) 選項 (A)、(B)、(C) 皆是。

【高 109-3】

( ) 26. 有關生產機器設備的重置支出問題，其決策目標為何？

(A) 生產的未來成本極小化 (B) 生產的內部成本極小化

(C) 生產的收益極小化 (D) 生產成本的現值極小化。

【高 109-3】

( ) 27. 假設一公司正考慮購買一設備，在營運的第 5 年中，將使得現金銷貨收入增加 $400,000，而現金費用（不包含所得稅）增加 $300,000，折舊費用則增加 $50,000，假設除此外沒其他影響現金流量之事項，稅率為 17%，請問在這一年裡因為購買設備所產

生之淨現金流量為：

(A)$8,500 　　　　　　　　　　(B)$41,500

(C)$83,000 　　　　　　　　　　(D)$91,500。　　　【高 108-2】

(　　) 28. 假設某公司有一設備，帳面金額為 $60,000，公司將其出售，利益為 $40,000，所得稅率為 17%，試問此交易所產生之淨現金流入為：

(A)$84,900 　　　　　　　　　　(B)$60,000

(C)$40,000 　　　　　　　　　　(D)$93,200。　　　【高 108-4】

(　　) 29. 假設稅率為 17%，折舊費用為 $50,000，則當公司有獲利時，其折舊費用稅後的效果為：

(A) 淨現金流出 $8,500 　　　　　(B) 淨現金流入 $8,500

(C) 淨現金流出 $41,500 　　　　　(D) 淨現金流入 $41,500。

【高 108-4】【高 109-1】

1.(B)　2.(D)　3.(D)　4.(D)　5.(A)　6.(C)　7.(C)　8.(D)　9.(B)　10.(D)
11.(D)　12.(D)　13.(D)　14.(C)　15.(C)　16.(D)　17.(D)　18.(D)
19.(A)　20.(B)　21.(D)　22.(D)　23.(C)　24.(D)　25.(D)　26.(D)
27.(D)　28.(D)　29.(B)

● Chapter 18　習題解析

1. 攸關成本（收入）必須同時符合二條件：(1) 預期未來將發生，且 (2) 其金額因方案之選擇而不同。所以 (A)、(C)、(D) 皆為與現金流量攸關的。

   凡某一方案不採行即不可發生之成本，稱為可免成本，反之，無論方案之採行與否均會發生之成本，則為不可免成本，(B) 即是不可免成本，不可免成本則與決策無關。

2. 因過去的決策而已發生，不能因為現在或未來的任何決策而改變的成本，稱為沉沒成本。沉沒成本因為是過去成本，故與決策無關。

3. 邊際稅率 $= \dfrac{\Delta \text{ 總稅收}}{\Delta \text{ 稅前總所得}}$。

4. 有效稅率或稱為平均稅率 $= \dfrac{\text{總稅收}}{\text{稅前總所得}}$

   $= \dfrac{(1,400,000 - 300,000) \times 20\% - 100,000}{1,400,000} = 8.57\%$。

5. 自由現金流量是指企業扣除經費支出及必要資本投資，可支付權益所有人及債權人的現金流量，故採加權平均資金成本率為折現率，求算出總價值，再減除負債的價值，即為股東權益的價值。

6. 任何計畫之採行，其報酬應至少相當於資金用於其他最有利之投資所能產生之報酬，因此該最佳用途之報酬率即為此一投資計畫之折現率，此即為機會成本之觀念。

7. 加權平均資金成本 $= \dfrac{6}{10} \times 0.1 \times (1 - 17\%) + \dfrac{4}{10} \times 20\% = 12.98\%$。

8. 股東權益的資金成本可由 (1) CAPM 的 $E(R_i) = R_f + \beta_i[E(R_m) - R_f]$，其中 $E(R_i) = K_e$；(2) APT 的 $E(R_i) = R_f + \lambda_1 b_{i1} + \lambda_2 b_{i2} + \cdots\cdots + \lambda_r b_{ip}$，其中 $E(R_i) = K_e$；(3) 由高登成長模式 $P_o = \dfrac{D_1}{K_e - g}$，即 $K_e = \dfrac{D_1}{P_o} + g$。

9. 已知加權平均資金成本為 13.66%，令舉債利率為 x，

$$13.66\% = \frac{1}{5} \times x(1 - 17\%) + \frac{4}{5} \times 15\%,$$

得 x = 10%。

10. 內部報酬率 > 資金成本率，即為可接受之方案。

11. 當 NPV = 0 時，折現率 = IRR，若 IRR > 資金成本率，則 NPV > 0。

12. 淨現值法的優點：

(1) 考慮貨幣的時間價值；(2) 考慮整個投資存續期間內所有現金流量的資料；(3) 符合價值附加性原則；(4) 假設以資金的機會成本將投資所得再投資。

13. 使投資計畫現金流入現值等於現金流出現值（即淨現值為零）之折現率，該折現率即為投資之內部報酬率。

15. 價值附加性原則是指公司的價值等於各方案價值之和。IRR 法並不符合價值附加性原則，而 NPV 法則永遠會服從該原則。

16. 會計報酬率法 (ARR) $= \dfrac{\text{平均每年會計淨利增加數}}{\text{原始投資額（或平均投資額）}}$，

在所選擇的方案計算 ARR，再從 ARR 裡選出最高者。

17. 平均會計報酬率的缺點：(1) 忽略貨幣的時間價值；(2) 未考慮現金流量，直接以會計淨利為報酬；(3) 以原始投資金額作為分母所計算之報酬率，忽略資產帳面金額會逐年遞減的事實。

18. 利潤指數 (PI) $= \dfrac{\text{未來淨現金流量現值}}{\text{原始投資額}}$

若 PI > 1 表示未來淨現金流量現值 > 原始投資金額，則可以投資。
若 PI < 1 表示未來淨現金流量現值 < 原始投資金額，則不可以投資。

19. 評估資本預算時應以實質耐用年限、技術年限及產品年限三者中最短者，視為投資計畫之期間。

20. 敏感度分析係指預測值估計錯誤或假設改變，對結果之影響程度。

21. 蒙地卡羅分析法一般稱為模擬，主要是針對現金流量的不確定性，透過統計抽樣，反覆抽取現金流量組的淨現值，得到各投資計畫的淨現值之機率分配，若得知淨現值的機率分配，即可估計淨現值的預期值與標準差，即期望的淨現值與風險值。

22. 所使用的資本預算評估方法都假設原始投資金額、每期的淨現金流量、投資存續期間，及資金成本率為已知，實際上，上述的資訊是不確定的。

23. 實質選擇權 (Real Options)：投資計畫產生的現金流量所創造出的利潤，是建立於對目前所擁有資產的使用加上未來投資計畫的選擇。實質選擇權使企業的決策者，在進行資本預算投資決策評估時，能夠作出更具有彈性、更準確的決策。

24. 原始投資金額（屬於成本）、每期的淨現金流量（屬於收益）、投資存續期間（屬於投資開發年限）、殘值價值的估計（屬於可回收的），皆是 BOT 的公共建設投資開發時，該投資計畫效益評估因素。

25. 經濟租就是生產者剩餘，即生產者剩餘 = 生產者實際收到的 – 生產者願意收到的。
   企業 (A) 先進入市場；(B) 擁有別人沒有的生產技術；(C) 擁有別人無法擁有的資產。上述的因素皆可能使企業產生經濟租。

26. 機器設備應否重置的攸關資訊包括：
   (1) 新機器之取得成本
   (2) 舊機器目前之殘值
   (3) 每年之付現成本
   (4) 新機器的估計殘值
   即 (1) + (2) + (3) + (4) 的現值總和與繼續使用舊機器的現值總和兩者取最小。

27. 銷貨收入增加 400,000，現金費用增加 30,000，則稅前淨利 = 400,000 – 300,000 = 100,000，
   稅的支出 = (100,000 – 50,000) × 17% = 8,500，

淨現金流量 = 100,000 – 8,500 = 91,500。

28. 60,000 + 40,000 × (1 – 17%) = 93,200。

29. 折舊費用乃淨利的減項，若考慮的是稅後利淨，則折舊費用為 50,000 × (1 – 17%)，即節省的稅為 50,000 × 17% = 8,500，屬於淨現金的流入。

Financial Accounting with International Financial Reporting Standards, 4th Edition. Jerry. Weygandt, Paul. Kimmel, Donald E. Kieso, WILEY publishing. 陳美娥等編譯，滄海圖書，2022 年 2 月四版。

會計學新論（上）（下）冊第十一版，李宗黎、林惠真著，証業出版社，2020 年 5 月 29 日。

證基會證券商高級業務員，民國 108 年第一季 ~111 年第一季，財務分析試題。

證基會證券商業務員，民國 108 年第一季 ~111 年第一季，財務分析試題。

國家圖書館出版品預行編目(CIP)資料

超圖解財務分析 / 王志成編著. －－初版.
－－臺北市：五南圖書出版股份有限公司,
2023.08
　面；　公分
ISBN 978-626-366-152-3 (平裝)
1.CST: 會計學 2.CST: 財務分析
495.1　　　　　　　　　　112008397

1G1A

超圖解財務分析

作　　　　者 ― 王志成

責 任 編 輯 ― 唐　筠

文 字 校 對 ― 許馨尹、黃志誠

內 文 排 版 ― 張淑貞

封 面 設 計 ― 姚孝慈

發　行　人 ― 楊榮川

總　經　理 ― 楊士清

總　編　輯 ― 楊秀麗

副 總 編 輯 ― 張毓芬

出　版　者 ― 五南圖書出版股份有限公司

地　　　址：106臺北市大安區和平東路二段339號

電　　　話：(02)2705-5066　　傳　　真：(02)2706-6

網　　　址：https://www.wunan.com.tw

電 子 郵 件：wunan@wunan.com.tw

劃 撥 帳 號：01068953

戶　　　名：五南圖書出版股份有限公司

法 律 顧 問　林勝安律師

出 版 日 期　2023年8月初版一刷

定　　　價　新臺幣500元

經典永恆·名著常在

五十週年的獻禮——經典名著文庫

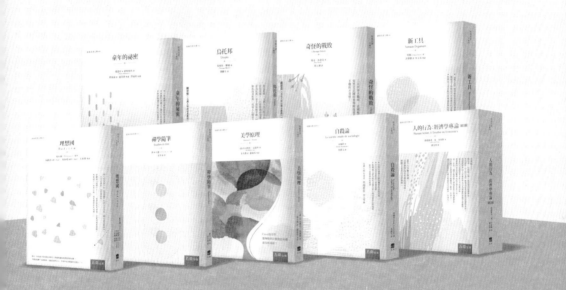

五南，五十年了，半個世紀，人生旅程的一大半，走過來了。

思索著，邁向百年的未來歷程，能為知識界、文化學術界作些什麼？

在速食文化的生態下，有什麼值得讓人雋永品味的？

歷代經典·當今名著，經過時間的洗禮，千錘百鍊，流傳至今，光芒耀人；

不僅使我們能領悟前人的智慧，同時也增深加廣我們思考的深度與視野。

我們決心投入巨資，有計畫的系統梳選，成立「經典名著文庫」，

希望收入古今中外思想性的、充滿睿智與獨見的經典、名著。

這是一項理想性的、永續性的巨大出版工程。

不在意讀者的眾寡，只考慮它的學術價值，力求完整展現先哲思想的軌跡；

為知識界開啟一片智慧之窗，營造一座百花綻放的世界文明公園，

任君遨遊、取菁吸蜜、嘉惠學子！